U0299919

"十四五"时期国家重点出版物出版专项规划项目

中国建造关键技术创新与应用丛书

污水处理厂工程建造关键施工技术

肖绪文　蒋立红　张晶波　黄　刚　等　编

中国建筑工业出版社

图书在版编目（CIP）数据

污水处理厂工程建造关键施工技术 / 肖绪文等编
. —北京：中国建筑工业出版社，2023.12
（中国建造关键技术创新与应用丛书）
ISBN 978-7-112-29462-6

Ⅰ. ①污… Ⅱ. ①肖… Ⅲ. ①污水处理厂—工程施工
Ⅳ. ①X505

中国国家版本馆 CIP 数据核字(2023)第 245471 号

本书结合实际污水处理厂工程建设情况，收集大量相关资料，对污水处理厂的建设特点、施工技术、施工管理等进行系统、全面的统计，加以提炼，通过已建项目的施工经验，紧抓污水处理厂的特点以及施工技术难点，从污水处理厂的功能形态特征、关键施工技术、专业施工技术三个层面进行研究，形成一套系统的污水处理厂建造技术，并遵循集成技术开发思路，围绕污水处理厂建设，分篇章对其进行总结介绍，共包括 13 项关键技术、4 项专项技术，并且提供 6 个工程案例辅以说明。本书适合于建筑施工领域技术、管理人员参考使用。

责任编辑：郑　琳　范业庶　万　李
责任校对：张惠雯

中国建造关键技术创新与应用丛书
污水处理厂工程建造关键施工技术
肖绪文　蒋立红　张晶波　黄　刚　等　编
*
中国建筑工业出版社出版、发行（北京海淀三里河路 9 号）
各地新华书店、建筑书店经销
北京红光制版公司制版
北京中科印刷有限公司印刷
*
开本：787 毫米×960 毫米　1/16　印张：14½　字数：239 千字
2023 年 12 月第一版　　2023 年 12 月第一次印刷
定价：**55.00** 元
ISBN 978-7-112-29462-6
（42017）

《中国建造关键技术创新与应用丛书》

编　委　会

《污水处理厂工程建造关键施工技术》
编　委　会

《中国建造关键技术创新与应用丛书》
编者的话

一、初心

“十三五”期间，我国建筑业改革发展成效显著，全国建筑业增加值年均增长 5.1%，占国内生产总值比重保持在 6.9%以上。2022 年，全国建筑业总产值近 31.2 万亿元，房屋施工面积 156.45 亿 m^2，建筑业从业人数 5184 万人。建筑业作为国民经济支柱产业的作用不断增强，为促进经济增长、缓解社会就业压力、推进新型城镇化建设、保障和改善人民生活作出了重要贡献，中国建造也与中国创造、中国制造共同发力，不断改变着中国面貌。

建筑业在为社会发展作出巨大贡献的同时，仍然存在资源浪费、环境污染、碳排放高、作业条件差等显著问题，建筑行业工程质量发展不平衡不充分的矛盾依然存在，随着国民生活水平的快速提升，全面建成小康社会也对工程建设产品和服务提出了新的要求，因此，建筑业实现高质量发展更为重要紧迫。

众所周知，工程建造是工程立项、工程设计与工程施工的总称，其中，对于建筑施工企业，更多涉及的是工程施工活动。在不同类型建筑的施工过程中，由于工艺方法、作业人员水平、管理质量的不同，导致建筑品质总体不高、工程质量事故时有发生。因此，亟须建筑施工行业，针对各种不同类别的建筑进行系统集成技术研究，形成成套施工技术，指导工程实践，以提高工程品质，保障工程安全。

中国建筑集团有限公司（简称“中建集团”），是我国专业化发展最久、市场化经营最早、一体化程度最高、全球规模最大的投资建设集团。2022 年，中建集团位居《财富》“世界 500 强”榜单第 9 位，连续位列《财富》“中国 500 强”前 3 名，稳居《工程新闻记录》（ENR）“全球最大 250 家工程承包商”榜单首位，连续获得标普、穆迪、惠誉三大评级机构 A 级信用评级。近年来，随着我国城市化进程的快速推进和经济水平的迅速增长，中建集团下属各单位在航站楼、会展建筑、体育场馆、大型办公建筑、医院、制药厂、污水处理厂、居住建筑、建筑工程装饰装修、城市综合管廊等方面，承接了一大批国内外具有代表性的地标性工程，积累了丰富的施工管理经验，针对具体施工工艺，研究形成了许多卓有成效的新型施工技术，成果应用效果明显。然而，这些成果仍然分散在各个单位，应用水平参差不齐，难能实现资源共享，更不能在行业中得到广泛应用。

基于此，一个想法跃然而生：集中中建集团技术力量，将上述施工技术进行集成研究，形成针对不同工程类型的成套施工技术，可以为工程建设提供全方位指导和借鉴作用，为提升建筑行业施工技术整体水平起到至关重要的促进作用。

二、实施

初步想法形成以后，如何实施，怎样达到预期目标，仍然存在诸多困难：一是海量的工程数据和技术方案过于繁杂，资料收集整理工程量巨大；二是针对不同类型的建筑，如何进行归类、分析，形成相对标准化的技术集成，有效指导基层工程技术人员的工作难度很大；三是该项工作标准要求高，任务周期长，如何组建团队，并有效地组织完成这个艰巨的任务面临巨大挑战。

随着国家科技创新力度的持续加大和中建集团的高速发展，我们的想法得到了集团领导的大力支持，集团决定投入专项研发经费，对科技系统下达了针对“房屋建筑、污水处理和管廊等工程施工开展系列集成技术研究”的任务。

接到任务以后，如何出色完成呢？

首先是具体落实“谁来干”的问题。我们分析了集团下属各单位长期以来在该领域的技术优势，并在广泛征求意见的基础上，确定了“在集团总部主导下，以工程技术优势作为相应工程类别的课题牵头单位”的课题分工原则。具体分工是：中建八局负责航站楼；中建五局负责会展建筑；中建三局负责体育场馆；中建四局负责大型办公建筑；中建一局负责医院；中建二局负责制药厂；中建六局负责污水处理厂；中建七局负责居住建筑；中建装饰负责建筑装饰装修；中建集团技术中心负责城市综合管廊建筑。组建形成了由集团下属二级单位总工程师作课题负责人，相关工程项目经理和总工程师为主要研究人员，总人数达300余人的项目科研团队。

其次是确定技术路线，明确如何干的问题。通过对各类建筑的施工组织设计、施工方案和技术交底等指导施工的各类文件的分析研究发现，工程施工项目虽然千差万别，但同类技术文件的结构大多相同，内容的重复性大多占有主导地位，因此，对这些文件进行标准化处理，把共性技术和内容固化下来，这将使复杂的投标方案、施工组织设计、施工方案和技术交底等文件的编制变得相对简单。

根据之前的想法，结合集团的研发布局，初步确定该项目的研发思路为：全面收集中建集团及其所属单位完成的航站楼、会展建筑、体育场馆、大型办公建筑、医院、制药厂、污水处理厂、居住建筑、建筑工程装饰装修、城市综合管廊十大系列项目的所有资料，分析各类建筑的施工特点，总结其施工组织和部署的内在规律，提出该类建筑的技术对策。同时，对十大系列项目的施工组织设计、施工方案、工法等技术资源进行收集和梳理，将其系统化、标准化，以指导相应的工程项目投标和实施，提高项目运行的效率及质量。据此，针对不同工程特点选择适当的方案和技术是一种相对高效的方法，可有效减少工程项目技术人员从事繁杂的重复性劳动。

项目研究总体分为三个阶段：

第一阶段是各类技术资源的收集整理。项目组各成员对中建集团所有施工项目进行资料收集，并分类筛选。累计收集各类技术标文件381份，施工组织设计269份，项目施工图206套，施工方案3564篇，工法547项，专利241篇，论文若干，充分涵盖了十大类工程项目的施工技术。

第二阶段是对相应类型工程项目进行分析研究。由课题负责人牵头，集合集团专业技术人员优势能力，完成对不同类别工程项目的分析，识别工程特点难点，对关键技术、专项技术和一般技术进行分类，找出相应规律，形成相应工程实施的总体部署要点和组织方法。

第三阶段是技术标准化。针对不同类型工程项目的特点，对提炼形成的关键施工技术和专项施工技术进行系统化和规范化，对技术资料进行统一性要求，并制作相关文档资料和视频影像数据库。

基于科研项目层面，对课题完成情况进行深化研究和进一步凝练，最终通过工程示范，检验成果的可实施性和有效性。

通过五年多时间，各单位按照总体要求，研编形成了本套丛书。

三、成果

十年磨剑终成锋，根据系列集成技术的研究报告整理形成的本套丛书终将面世。丛书依据工程功能类型分为：航站楼、会展建筑、体育场馆、大型办公建筑、医院、制药厂、污水处理厂、居住建筑、建筑工程装饰装修、城市综合管廊十大系列，每一系列单独成册，每册包含概述、功能形态特征研究、关键技术研究、专项技术研究和工程案例五个章节。其中，概述章节主要介绍项目的发展概况和研究简介；功能形态特征研究章节对项目的特点、施工难点进行了分析；关键技术研究和专项技术研究章节针对项目施工过程中各类创新技术进行了分类总结提炼；工程案例章节展现了截至目前最新完成的典型工程项目。

1.《航站楼工程建造关键施工技术》

随着经济的发展和国家对基础设施投资的增加，机场建设成为国家投资的重点，机场除了承担其交通作用外，往往还肩负着代表一个城市形象、体现地区文化内涵的重任。该分册集成了国内近十年绝大多数大型机场的施工技术，提炼总结了针对航站楼的 17 项关键施工技术、9 项专项施工技术。同时，形成省部级工法 33 项、企业工法 10 项，获得专利授权 36 项，发表论文 48 篇，收录典型工程实例 20 个。

针对航站楼工程智能化程度要求高、建筑平面尺寸大等重难点，总结了 17 项关键施工技术：

- 装配式塔式起重机基础技术
- 机场航站楼超大承台施工技术
- 航站楼钢屋盖滑移施工技术

- 航站楼大跨度非稳定性空间钢管桁架“三段式”安装技术
- 航站楼“跨外吊装、拼装胎架滑移、分片就位”施工技术
- 航站楼大跨度等截面倒三角弧形空间钢管桁架拼装技术
- 航站楼大跨度变截面倒三角空间钢管桁架拼装技术
- 高大侧墙整体拼装式滑移模板施工技术
- 航站楼大面积曲面屋面系统施工技术
- 后浇带与膨胀剂综合用于超长混凝土结构施工技术
- 跳仓法用于超长混凝土结构施工技术
- 超长、大跨、大面积连续预应力梁板施工技术
- 重型盘扣架体在大跨度渐变拱形结构施工中的应用
- BIM 机场航站楼施工技术
- 信息系统技术
- 行李处理系统施工技术
- 安检信息管理系统施工技术

针对屋盖造型奇特、机电信息系统复杂等特点，总结了 9 项专项施工技术：

- 航站楼钢柱混凝土顶升浇筑施工技术
- 隔震垫安装技术
- 大面积回填土注浆处理技术
- 厚钢板异形件下料技术
- 高强度螺栓施工、检测技术
- 航班信息显示系统（含闭路电视系统、时钟系统）施工技术
- 公共广播、内通及时钟系统施工技术
- 行李分拣机安装技术
- 航站楼工程不停航施工技术

2.《会展建筑工程建造关键施工技术》

随着经济全球化进一步加速，各国之间的经济、技术、贸易、文化等往来日益频繁，为会展业的发展提供了巨大的机遇，会展业涉及的范围越来越广，

规模越来越大，档次越来越高，在社会经济中的影响也越来越大。该分册集成了30余个会展建筑的施工技术，提炼总结了针对会展建筑的11项关键施工技术、12项专项施工技术。同时，形成国家标准1部、施工技术交底102项、工法41项、专利90项，发表论文129篇，收录典型工程实例6个。

针对会展建筑功能空间大、组合形式多、屋面造型新颖独特等特点，总结了11项关键施工技术：

- 大型复杂建筑群主轴线相关性控制施工技术
- 轻型井点降水施工技术
- 吹填砂地基超大基坑水位控制技术
- 超长混凝土墙面无缝施工及综合抗裂技术
- 大面积钢筋混凝土地面无缝施工技术
- 大面积钢结构整体提升技术
- 大跨度空间钢结构累积滑移技术
- 大跨度钢结构旋转滑移施工技术
- 钢骨架玻璃幕墙设计施工技术
- 拉索式玻璃幕墙设计施工技术
- 可开启式天窗施工技术

针对测量定位、大跨度（钢）结构、复杂幕墙施工等重难点，总结了12项专项施工技术：

- 大面积软弱地基处理技术
- 大跨度混凝土结构预应力技术
- 复杂空间钢结构高空原位散件拼装技术
- 穹顶钢—索膜结构安装施工技术
- 大面积金属屋面安装技术
- 金属屋面节点防水施工技术
- 大面积屋面虹吸排水系统施工技术
- 大面积异形地面铺贴技术

- 大空间吊顶施工技术
- 大面积承重耐磨地面施工技术
- 饰面混凝土技术
- 会展建筑机电安装联合支吊架施工技术

3.《体育场馆工程建造关键施工技术》

体育比赛现今作为国际政治、文化交流的一种依托，越来越受到重视，同时，我国体育事业的迅速发展，带动了体育场馆的建设。该分册集成了中建集团及其所属企业完成的绝大多数体育场馆的施工技术，提炼总结了针对体育场馆的 16 项关键施工技术、17 项专项施工技术。同时，形成国家级工法 15 项、省部级工法 32 项、企业工法 26 项、专利 21 项，发表论文 28 篇，收录典型工程实例 15 个。

为了满足各项赛事的场地高标准需求（如赛场平整度、光线满足度、转播需求等），总结了 16 项关键施工技术：

- 复杂（异形）空间屋面钢结构测量及变形监测技术
- 体育场看台依山而建施工技术
- 大截面 Y 形柱施工技术
- 变截面 Y 形柱施工技术
- 高空大直径组合式 V 形钢管混凝土柱施工技术
- 异形尖劈柱施工技术
- 永久模板混凝土斜扭柱施工技术
- 大型预应力环梁施工技术
- 大悬挑钢桁架预应力拉索施工技术
- 大跨度钢结构滑移施工技术
- 大跨度钢结构整体提升技术
- 大跨度钢结构卸载技术
- 支撑胎架设计与施工技术
- 复杂空间管桁架结构现场拼装技术

- 复杂空间异形钢结构焊接技术
- ETFE 膜结构施工技术

为了更好地满足观赛人员的舒适度，针对体育场馆大跨度、大空间、大悬挑等特点，总结了 17 项专项施工技术：

- 高支模施工技术
- 体育馆木地板施工技术
- 游泳池结构尺寸控制技术
- 射击馆噪声控制技术
- 体育馆人工冰场施工技术
- 网球场施工技术
- 塑胶跑道施工技术
- 足球场草坪施工技术
- 国际马术比赛场施工技术
- 体育馆吸声墙施工技术
- 体育场馆场地照明施工技术
- 显示屏安装技术
- 体育场馆智能化系统集成施工技术
- 耗能支撑加固安装技术
- 大面积看台防水装饰一体化施工技术
- 体育场馆标识系统制作及安装技术
- 大面积无损拆除技术

4.《大型办公建筑工程建造关键施工技术》

随着现代城市建设和城市综合开发的大幅度前进，一些大城市尤其是较为开放的城市在新城区规划设计中，均加入了办公建筑及其附属设施（即中央商务区/CBD）。该分册全面收集和集成了中建集团及其所属企业完成的大型办公建筑的施工技术，提炼总结了针对大型办公建筑的 16 项关键施工技术、28 项专项施工技术。同时，形成适用于大型办公建筑施工的专利共 53 项、工法 12

项，发表论文 65 篇，收录典型工程实例 9 个。

针对大型办公建筑施工重难点，总结了 16 项关键施工技术：

- 大吨位长行程油缸整体顶升模板技术
- 箱形基础大体积混凝土施工技术
- 密排互嵌式挖孔方桩墙逆作施工技术
- 无粘结预应力抗拔桩桩侧后注浆技术
- 斜扭钢管混凝土柱抗剪环形梁施工技术
- 真空预压＋堆载振动碾压加固软弱地基施工技术
- 混凝土支撑梁减振降噪微差控制爆破拆除施工技术
- 大直径逆作板墙深井扩底灌注桩施工技术
- 超厚大斜率钢筋混凝土剪力墙爬模施工技术
- 全螺栓无焊接工艺爬升式塔式起重机支撑牛腿支座施工技术
- 直登顶模平台双标准节施工电梯施工技术
- 超高层高适应性绿色混凝土施工技术
- 超高层不对称钢悬挂结构施工技术
- 超高层钢管混凝土大截面圆柱外挂网抹浆防护层施工技术
- 低压喷涂绿色高效防水剂施工技术
- 地下室梁板与内支撑合一施工技术

为了更好利用城市核心区域的土地空间，打造高端的知名品牌，大型办公建筑一般为高层或超高层项目，基于此，总结了 28 项专项施工技术：

- 大型地下室综合施工技术
- 高精度超高测量施工技术
- 自密实混凝土技术
- 超高层导轨式液压爬模施工技术
- 厚钢板超长立焊缝焊接技术
- 超大截面钢柱陶瓷复合防火涂料施工技术
- PVC 中空内模水泥隔墙施工技术

- 附着式塔式起重机自爬升施工技术
- 超高层建筑施工垂直运输技术
- 管理信息化应用技术
- BIM 施工技术
- 幕墙施工新技术
- 建筑节能新技术
- 冷却塔的降噪施工技术
- 空调水蓄冷系统蓄冷水池保温、防水及均流器施工技术
- 超高层高适应性混凝土技术
- 超高性能混凝土的超高泵送技术
- 超高层施工期垂直运输大型设备技术
- 基于 BIM 的施工总承包管理系统技术
- 复杂多角度斜屋面复合承压板技术
- 基于 BIM 的钢结构预拼装技术
- 深基坑旧改项目利用旧地下结构作为支撑体系换撑快速施工技术
- 新型免立杆铝模支撑体系施工技术
- 工具式定型化施工电梯超长接料平台施工技术
- 预制装配化压重式塔式起重机基础施工技术
- 复杂异形蜂窝状高层钢结构的施工技术
- 中风化泥质白云岩大筏板基础直壁开挖施工技术
- 深基坑双排双液注浆止水帷幕施工技术

5.《医院工程建造关键施工技术》

由于我国医疗卫生事业的发展，许多医院都先后进入“改善医疗环境”的建设阶段，各地都在积极改造原有医院或兴建新型的现代医疗建筑。该分册集成了中建集团及其所属企业完成的医院的施工技术，提炼总结了针对医院的 7 项关键施工技术、7 项专项施工技术。同时，形成工法 13 项，发表论文 7 篇，收录典型工程实例 15 个。

针对医院各功能板块的使用要求，总结了 7 项关键施工技术：

- 洁净施工技术
- 防辐射施工技术
- 医院智能化控制技术
- 医用气体系统施工技术
- 酚醛树脂板干挂法施工技术
- 橡胶卷材地面施工技术
- 内置钢丝网架保温板（IPS 板）现浇混凝土剪力墙施工技术

针对医院特有的洁净要求及通风光线需求，总结了 7 项专项施工技术：

- 给水排水、污水处理施工技术
- 机电工程施工技术
- 外墙保温装饰一体化板粘贴施工技术
- 双管法高压旋喷桩加固抗软弱层位移施工技术
- 构造柱铝合金模板施工技术
- 多层钢结构双向滑动支座安装技术
- 多曲神经元网壳钢架加工与安装技术

6.《制药厂工程建造关键施工技术》

随着人民生活水平的提高，对药品质量的要求也日益提高，制药厂越来越多。该分册集成了 15 个制药厂的施工技术，提炼总结了针对制药厂的 6 项关键施工技术、4 项专项施工技术。同时，形成论文和总结 18 篇、施工工艺标准 9 篇，收录典型工程实例 6 个。

针对制药厂高洁净度的要求，总结了 6 项关键施工技术：

- 地面铺贴施工技术
- 金属壁施工技术
- 吊顶施工技术
- 洁净环境净化空调技术
- 洁净厂房的公用动力设施

● 洁净厂房的其他机电安装关键技术

针对洁净环境的装饰装修、机电安装等功能需求，总结了4项专项施工技术：

● 洁净厂房锅炉安装技术

● 洁净厂房污水、有毒液体处理净化技术

● 洁净厂房超精地坪施工技术

● 制药厂防水、防潮技术

7.《污水处理厂工程建造关键施工技术》

节能减排是当今世界发展的潮流，也是我国国家战略的重要组成部分，随着城市污水排放总量逐年增多，污水处理厂也越来越多。该分册集成了中建集团及其所属企业完成的污水处理厂的施工技术，提炼总结了针对污水处理厂的13项关键施工技术、4项专项施工技术。同时，形成国家级工法3项、省部级工法8项，申请国家专利14项，发表论文30篇，完成著作2部，QC成果获国家建设工程优秀质量管理小组2项，形成企业标准1部、行业规范1部，收录典型工程实例6个。

针对不同污水处理工艺和设备，总结了13项关键施工技术：

● 超大面积、超薄无粘结预应力混凝土施工技术

● 异形沉井施工技术

● 环形池壁无粘结预应力混凝土施工技术

● 超高独立式无粘结预应力池壁模板及支撑系统施工技术

● 顶管施工技术

● 污水环境下混凝土防腐施工技术

● 超长超高剪力墙钢筋保护层厚度控制技术

● 封闭空间内大方量梯形截面素混凝土二次浇筑施工技术

● 有水管道新旧钢管接驳施工技术

● 乙丙共聚蜂窝式斜管在沉淀池中的应用技术

● 滤池内滤板模板及曝气头的安装技术

● 水工构筑物橡胶止水带引发缝施工技术

● 卵形消化池综合施工技术

为了满足污水处理厂反应池的结构要求，总结了 4 项专项施工技术：

● 大型露天水池施工技术

● 设备安装技术

● 管道安装技术

● 防水防腐涂料施工技术

8.《居住建筑工程建造关键施工技术》

在现代社会的城市建设中，居住建筑是占比最大的建筑类型，近年来，全国城乡住宅每年竣工面积达到 12 亿～14 亿 m^2，投资额接近万亿元，约占全社会固定资产投资的 20%。该分册集成了中建集团及其所属企业完成的居住建筑的施工技术，提炼总结了居住建筑的 13 项关键施工技术、10 项专项施工技术。同时，形成国家级工法 8 项、省部级工法 23 项；申请国家专利 38 项，其中发明专利 3 项；发表论文 16 篇；收录典型工程实例 7 个。

针对居住建筑的分部分项工程，总结了 13 项关键施工技术：

● SI 住宅配筋清水混凝土砌块砌体施工技术

● SI 住宅干式内装系统墙体管线分离施工技术

● 装配整体式约束浆锚剪力墙结构住宅节点连接施工技术

● 装配式环筋扣合锚接混凝土剪力墙结构体系施工技术

● 地源热泵施工技术

● 顶棚供暖制冷施工技术

● 置换式新风系统施工技术

● 智能家居系统

● 预制保温外墙免支模一体化技术

● CL 保温一体化与铝模板相结合施工技术

● 基于铝模板爬架体系外立面快速建造施工技术

● 强弱电箱预制混凝土配块施工技术

- 居住建筑各功能空间的主要施工技术

10 项专项施工技术包括：

- 结构基础质量通病防治
- 混凝土结构质量通病防治
- 钢结构质量通病防治
- 砖砌体质量通病防治
- 模板工程质量通病防治
- 屋面质量通病防治
- 防水质量通病防治
- 装饰装修质量通病防治
- 幕墙质量通病防治
- 建筑外墙外保温质量通病防治

9.《建筑工程装饰装修关键施工技术》

随着国民消费需求的不断升级和分化，我国的酒店业正在向着更加多元的方向发展，酒店也从最初的满足住宿功能阶段发展到综合提升用户体验的阶段。该分册集成了中建集团及其所属企业完成的高档酒店装饰装修的施工技术，提炼总结了建筑工程装饰装修的 7 项关键施工技术、7 项专项施工技术。同时，形成工法 23 项；申请国家专利 15 项，其中发明专利 2 项；发表论文 9 篇；收录典型工程实例 14 个。

针对不同装饰部位及工艺的特点，总结了 7 项关键施工技术：

- 多层木造型艺术墙施工技术
- 钢结构玻璃罩扣幻光穹顶施工技术
- 整体异形（透光）人造石施工技术
- 垂直水幕系统施工技术
- 高层井道系统轻钢龙骨石膏板隔墙施工技术
- 锈面钢板施工技术
- 隔振地台施工技术

为了提升住户体验，总结了 7 项专项施工技术：

- 地面工程施工技术
- 吊顶工程施工技术
- 轻质隔墙工程施工技术
- 涂饰工程施工技术
- 裱糊与软包工程施工技术
- 细部工程施工技术
- 隔声降噪施工关键技术

10.《城市综合管廊工程建造关键施工技术》

为了提高城市综合承载力，解决城市交通拥堵问题，同时方便电力、通信、燃气、供排水等市政设施的维护和检修，城市综合管廊越来越多。该分册集成了中建集团及其所属企业完成的城市综合管廊的施工技术，提炼总结了 10 项关键施工技术、10 项专项施工技术，收录典型工程实例 8 个。

针对城市综合管廊不同的施工方式，总结了 10 项关键施工技术：

- 模架滑移施工技术
- 分离式模板台车技术
- 节段预制拼装技术
- 分块预制装配技术
- 叠合预制装配技术
- 综合管廊盾构过节点井施工技术
- 预制顶推管廊施工技术
- 哈芬槽预埋施工技术
- 受限空间管道快速安装技术
- 预拌流态填筑料施工技术

10 项专项施工技术包括：

- U 形盾构施工技术
- 两墙合一的预制装配技术

- 大节段预制装配技术
- 装配式钢制管廊施工技术
- 竹缠绕管廊施工技术
- 喷涂速凝橡胶沥青防水涂料施工技术
- 火灾自动报警系统安装技术
- 智慧线＋机器人自动巡检系统施工技术
- 半预制装配技术
- 内部分舱结构施工技术

四、感谢与期望

该项科技研发项目针对十大类工程形成的系列集成技术，是中建集团多年来经验和优势的体现，在一定程度上展示了中建集团的综合技术实力和管理水平。

不忘初心，牢记使命。希望通过本套丛书的出版发行，一方面可帮助企业减轻投标文件及实施性技术文件的编制工作量，提升效率；另一方面为企业生产专业化、管理标准化提供技术支撑，进而逐步改变施工企业之间技术发展不均衡的局面，促进我国建筑业高质量发展。

在此，非常感谢奉献自己研究成果，并付出巨大努力的相关单位和广大技术人员，同时要感谢在系列集成技术研究成果基础上，为编撰本套丛书提供支持和帮助的行业专家。我们愿意与各位行业同仁一起，持续探索，为中国建筑业的发展贡献微薄之力。

考虑到本项目研究涉及面广，研究时间持续较长，研究人员变化较大，研究水平也存在较大差异，我们在出版前期尽管做了许多完善凝练的工作，但还是存在许多不尽如意之处，诚请业内专家斧正，我们不胜感激。

编委会
北京　2023 年

前　言

随着我国经济的快速发展，城市污水排放总量逐年增多，20 世纪 90 年代污水排放总量为 350 亿～400 亿 m^3/年，现在已达到约 600 亿 m^3/年，污水处理能力还将持续增加投产。

在此背景下，为使污水处理厂施工保证安全，降低成本，缩短工期，节约资源，拟整合现有的污水处理厂优秀项目，研究集成实用先进的施工技术，形成污水处理厂成套施工技术。

中国建筑第六工程局有限公司（以下简称“中建六局”）是中国建筑业竞争力百强企业和天津市建筑业领军企业，承建了三亚市红沙污水处理二厂、烟台市福山区净水厂建设项目（EPC）等工程。

本书从污水处理厂的施工技术入手，除编写钢筋、模板、混凝土等土建工程常见的施工技术外，还加入了超大面积、超薄无粘结预应力混凝土施工技术、异形沉井施工技术、环形池壁无粘结预应力混凝土施工技术、污水处理厂工艺设备和仪器仪表安装技术等核心技术。总结、提升污水处理厂施工的操作工艺和施工流程，形成完整的施工操作手册，使施工有依据，利于污水处理工程的建设。

本书适用于从事建筑设计、施工、监理、招标代理等技术和管理人员使用，旨在帮助他们了解污水处理厂设计和施工的相关知识。

本书由中国建筑第六工程局有限公司承担主要工作，在编写过程中，参考和选用了国内外学者或工程师的著作和资料，在此谨向他们表示衷心的感谢。限于作者水平和条件，书中难免存在不妥和疏漏之处，恳请广大读者批评指正。

目　录

1 概　　述

1.1　污水处理厂概要

节能减排是当今世界发展的潮流，也是我国国策之一，是时代的要求。随着我国经济的快速发展，城市污水排放总量逐年增多，20 世纪 90 年代污水排放总量为 350 亿～400 亿 m^3/年，现在已达到 600 亿 m^3/年左右，污水处理能力还将持续增加投产。为了使污水处理厂施工保证安全，降低成本，缩短工期，节约资源，我们拟整合系统内已成功施工的污水处理厂项目（图 1-1～图 1-4），研究集成实用先进的施工技术，形成成套施工技术。本书旨在指导污水处理厂工程技术标编制、施工组织设计和施工方案制定，具有一般性和可复制性。

图 1-1　长春市南部污水处理厂

图 1-2　锦州污水处理厂一期工程

图 1-3　锦州污水处理厂二期工程

图 1-4　重庆鸡冠石污水处理厂

1.2　污水处理厂成套施工技术研究简介

1.2.1　主要研究内容

以中建系统各个工程局承建的污水处理厂工程为主，针对该类工程特点、难点进行技术研究，针对不同工程目标制定各种施工措施、管理方案、施工组织设计、施工方案、技术交底样本、污水处理厂工程技术和图形库。

污水处理厂多有以下单位工程：粗格栅及进水泵房、细格栅及旋流沉砂池、初沉池配水井、初沉池、初沉池出水（泥）井、生物反应池、二沉池集配水井、二沉池、接触池、回流及剩余污泥泵房、鼓风机房、高压开闭站及配电站、贮泥均质池、污泥浓缩脱水机房、加氯加药间、综合楼（含化验、中控室）、机修和仓库、分析仪器室、生物除臭室。根据污水处理厂单位工程多的特点，研究其施工部署的一般规律和最优方案，推出污水处理厂施工组织设计标准样本，研究其施工的特点和难点，制定有针对性的专项施工方案，结合以往的经验教训，编制实用的技术交底。结合污水处理厂特有的设备，如污水提升泵、污泥脱水机、鼓风机、细格栅、曝气头等主要的工艺设备和仪器仪表，编制污水处理厂安装工程施工方案样本。此外，还结合设计适当研究污水处理厂选用的处理工艺，如 AO 工艺（厌氧—好氧工艺）、BAF 工艺（曝气生物滤池工艺）等。

本书总结提升形成污水处理厂成套施工技术。例如总结“超大面积、超薄无粘结预应力混凝土施工技术”“异形沉井施工技术”“环形池壁无粘结预应力混凝土施工技术”“污水处理厂工艺设备和仪器仪表安装技术”等，形成有竞争力的核心技术。

1.2.2 研究目标和技术路线

（1）研究目标

建立污水处理厂工程技术标编制、施工组织设计、施工方案技术交底样本和数据库；技术水平达到国际先进水平。

（2）技术路线

本书采用系统工程的观点，运用最优化理论，研究污水处理厂的施工成套技术，制定各种施工措施、管理方案、技术标、施工组织设计、施工方案、技术交底样本、污水处理厂工程技术和图形库。

通过研究污水处理厂工程建设经验，给出污水处理厂的主要建筑、主要构筑物、主要设备等的施工方案和技术，建立投标技术库污水处理厂项目技术标范本，建立污水处理厂工程技术数据库和图形库，成为指导同类工程的重要技术文件。

1.2.3 研究成果体系

本书主要是针对污水处理厂的施工所作的研究，主要是总结、提升污水处理厂施工的操作工艺和施工流程，形成完整的施工操作手册，使施工有依据，利于污水处理工程的施工所取得的主要研究成果如下：

（1）《污水处理厂建筑成套施工技术集成研究研究报告》1 份。

（2）编写著作 2 部。

（3）完成规范、标准 2 本。

（4）完成专利 14 项，其中发明专利 5 项，实用新型专利 9 项。

（5）完成工法 10 项，其中国家级工法 3 项，省部级工法 7 项。

（6）完成科学技术研究成果 3 项。

（7）编写完成科学技术论文 30 篇。

（8）编写完成投标版和施工版施工组织设计各 1 份。

（9）整理、编写完成各单体工程施工方案 1 份。

（10）整理污水处理厂施工工艺 1 份。

（11）整理污水处理工程各单体工程节点图纸 1 份。

（12）整理、编写各分项工程的施工技术交底 1 份。

（13）制作多媒体光盘 1 张，反映该类工程的业绩、特点、难点以及技术对策。

2 功能形态特征研究

2.1 城市污水处理厂的规模划分

根据我国的实际情况，大体上可分为大型、中型和小型污水处理厂。

规模大于 $10\times10^4m^3/d$ 的是大型污水处理厂，一般建在大城市，基建投资以亿元计，年运营费用以千万元计。

中型污水处理厂的规模为（$1\sim10$）$\times10^4m^3/d$，一般建于中、小城市和大城市的郊县，基建投资几千万到上亿元，年运营费用几百万到上千万元。

规模小于 $1\times10^4m^3/d$ 的是小型污水处理厂，一般建于小城镇，基建投资几百万到上千万元，年运营费用几十万到上百万元。

2.2 城市污水处理厂的主要工艺

城市污水的主要污染物是有机物，因此国内外大多采用生物法处理，也有采用化学法的，比如四川某市的污水就采用化学强化一级处理，但这种工艺对氨氮去除率不高，出水标准不高。

在生物法中，有活性污泥法和生物滤池两大类，生物滤池的处理效率不高，卫生条件较差，而活性污泥法占绝大多数。

活性污泥法有很多种形式，使用最广泛的主要有三类：①传统活性污泥法和它的改进型 A/O、A^2/O 工艺；②氧化沟；③SBR 工艺（序列间歇式活性污泥工艺）。

传统活性污泥法是应用最早的工艺，它去除有机物的效率很高，在处理过程中产生的污泥采用厌氧消化方式进行稳定处理，对消除污水和污泥的污染很有效，而且能耗和运行费用都比较低，因而得到广泛应用。近年来，水体富营养化的危害越来越严重，去除氮、磷列入了污水处理的目标，于是出现了活性污泥法的改进型 A/O 法和 A^2/O 法。A/O 法有两种，一种是用于除磷的厌氧—好氧工艺，一种是用于脱氮的缺氧—好氧工艺；A^2/O 法则是既脱氮又除磷的工艺。

氧化沟是活性污泥法的一种变型，在水力流态上不同于传统活性污泥法，是一种首尾相接的循环流，通常采用延时曝气，在污水净化的同时污泥得到稳定。它不设初沉池和污泥消化池，处理设施大大简化。氧化沟具有传统活性污泥法的优点，去除有机物的效率很高，也具有脱氮的功能。如果在沟前增设厌氧池，还可同时去除磷。氧化沟这种高效、简单的特点，使它在中小型城市污水处理厂中得到广泛应用。

SBR 工艺的基本特征是在一个反应池中完成污水的生化反应、沉淀、排水、排泥，不仅省去了初沉池和污泥消化池，还省去了二沉池和回流污泥泵房，处理设施比氧化沟还要简单，而且处理效果好，有的 SBR 工艺还具有很强的脱氮除磷功能。SBR 工艺对自控要求高，过去自控设备不过关，这种工艺无法推广，近年来自控技术和仪表应用于污水处理已经过关，因而 SBR 工艺得到大力推广，成为业内人士十分关注的一种工艺。

2.3　大型城市污水处理厂的优选工艺

大型城市污水处理厂的优选工艺是传统活性污泥法及其改进型 A/O 法、A^2/O 法。目前世界上绝大多数国家（包括我国）的大型污水处理厂大多采用传统活性污泥法、A/O 和 A^2/O 法，我国的北京高碑店污水处理厂、天津纪庄子污水处理厂和东郊污水处理厂、沈阳市北部污水处理厂、郑州市污水处理厂、杭州市四堡污水处理厂、成都市三瓦窑污水处理厂等都采用这种工艺，这不是偶然的，因为这种工艺对大型污水处理厂具有难以替代的优点：

（1）传统活性污泥法、A/O 和 A^2/O 法与氧化沟和 SBR 工艺相比最大优势是能耗较低、运营费用较低，规模越大这种优势越明显。对于大型污水处理厂来说，年运营费很可观，比如规模为$40\times10^4m^3/d$的污水处理厂，$1m^3$污水节省处理费1分钱，一年就节省146万元。

这种工艺的能耗和运营费低的原因是：①设置初沉池，利用物理法以最小的能耗和费用去除污水中相当一部分有机物和悬浮物，降低二级处理的负荷，显著节省能耗；②污泥采用厌氧消化，它比氧化沟和SBR工艺的同步好氧消化显著节省能耗，是一种公认的节能工艺。

这种工艺的基建投资一般情况下比氧化沟和SBR工艺高，但随着规模的增大，氧化沟和SBR的基建费也成倍增加，而常规活性污泥法的投资则以较小的比例增加，两者的差距越来越小。当污水处理厂达到一定规模后，常规活性污泥法的投资比氧化沟和SBR工艺更少，所以，污水处理厂规模越大，常规活性污泥法的优势就越大。

（2）传统活性污泥法、A/O和A^2/O法的主要缺点是处理单元多，操作管理复杂，特别是污泥厌氧消化要求高水平的管理，消化过程产生的沼气是可燃易爆气体，更要求安全操作，这些都增加了管理的难度。但由于大型污水处理厂背靠大城市，技术力量强，管理水平较高，能满足这种要求，因而常规活性污泥法的缺点不会成为限制使用的因素。

根据我国现实情况，城市污水处理处于起步阶段，法规和制度都不够健全，对污泥的稳定化要求没有明确的规定，同时由于排水管网系统不够完善，大多数城市污水的有机成分不高，加之污泥厌氧消化的管理和沼气的利用还缺乏成熟的经验，这些因素都降低了包含污泥厌氧消化工序的常规活性污泥法、A/O和A^2/O法的经济性。因此，对于规模为$(10\sim20)\times10^4m^3/d$的城市污水处理厂，有时可能采用氧化沟和SBR工艺更为经济，在这种情况下，有必要对各种工艺进行详细的技术经济比较，以确定最佳工艺。

2.4 中、小型城市污水处理厂的优选工艺

中、小型城市污水处理厂的优选工艺是氧化沟和SBR工艺，它们的共同

特点是：

（1）去除有机物效率很高，有的还能脱氮、除磷或既脱氮又除磷，而且处理设施十分简单，管理非常方便，是国际上公认高效、简化的污水处理工艺，也是世界各国中小型城市污水处理厂的优选工艺。

（2）在 $10\times10^4m^3/d$ 规模以下，氧化沟和 SBR 工艺的基建费用明显低于常规活性污泥法、A/O 和 A^2/O 法；对于规模为（5～10）$\times10^4m^3/d$ 的污水处理厂，氧化沟与 SBR 工艺的基建费用通常要低 10%～15%。规模越小，两者差距越大，这对缺少资金建污水处理厂的中小城市很有吸引力。

即使在 $10\times10^4m^3/d$ 规模以下，氧化沟和 SBR 工艺的电耗和年运营费用仍高于常规活性污泥法，但如果与基建费用一起来比较，基建费加上 20 年的运营费总计还是比常规活性污泥法低些。规模越小，低得越多，规模越大，差距越小，当规模为 $10\times10^4m^3/d$ 时，两类工艺的总费用大致相当。因此，对于中小型污水处理厂采用氧化沟与 SBR 工艺在经济上是有利的。

（3）氧化沟与 SBR 工艺通常都不设初沉池和污泥消化池，整个处理单元比常规活性污泥法少 50%以上，操作管理大大简化，这对于技术力量相对较弱、管理水平相对较低的中小型污水处理厂很合适。

（4）氧化沟和 SBR 工艺的设备基本上实现了国产化，在质量上能满足工艺要求，价格比国外设备便宜好几倍，而且也省去了申请外汇进口设备的种种麻烦。

（5）氧化沟和 SBR 工艺的抗冲击负荷能力比常规活性污泥法好得多，这对于水质、水量变化剧烈的中小型污水处理厂很有利。

正是由于上述种种原因，氧化沟和 SBR 工艺在国内外都发展很快。美国环保局（EPA）把污水处理厂的建设费用或运营费用比常规活性污泥法节省 15%以上的工艺列为革新替代技术，由联邦政府给予财政资助，氧化沟和 SBR 工艺因此得以大力推广，已经建成的污水处理厂各有几百座。欧洲的氧化沟污水处理厂已有上千座，澳大利亚近 10 年建成 SBR 工艺污水处理厂近 600 座。在国内，氧化沟和 SBR 工艺已成为中小型污水处理厂的首选工艺。

3 关键技术研究

3.1 超大面积、超薄无粘结预应力混凝土施工技术

普通的生物池的水池底板要有400～600mm厚，并且每20m要设一道伸缩缝，采用橡胶止水带止水，而橡胶止水带易老化，底板漏水不易察觉，且普通的水池底板是非预应力筋。

现今生化池底板设计依据从国外引进的先进设计理念和技术，生化池底板取消以往大型池体的温度伸缩缝，并增加预应力，厚度由以往的400～600mm厚变为150mm厚。底板中的预应力将使混凝土始终处于受压状态，从而提高了混凝土底板的密实性、整体性和耐久性。

如何确保超薄、超大面积底板的预应力筋铺设矢高、位置、间距，混凝土浇筑质量成为本技术研究的主要目标。

通过调查、分析和比较，若使施工质量及水池渗水量达到要求，关键在底板施工质量的控制。为控制预应力张拉过程中150mm厚的混凝土底板不产生裂纹，保证生化池渗水量达标，采取了底板与垫层间增加滑动层；为保证混凝土连续浇筑不出现冷缝，采用两台汽车泵由生化池东侧向西侧同时推进浇筑；无粘结预应力筋的张拉采用两端对称张拉的方法。

3.1.1 工艺流程

工艺流程见图3-1。

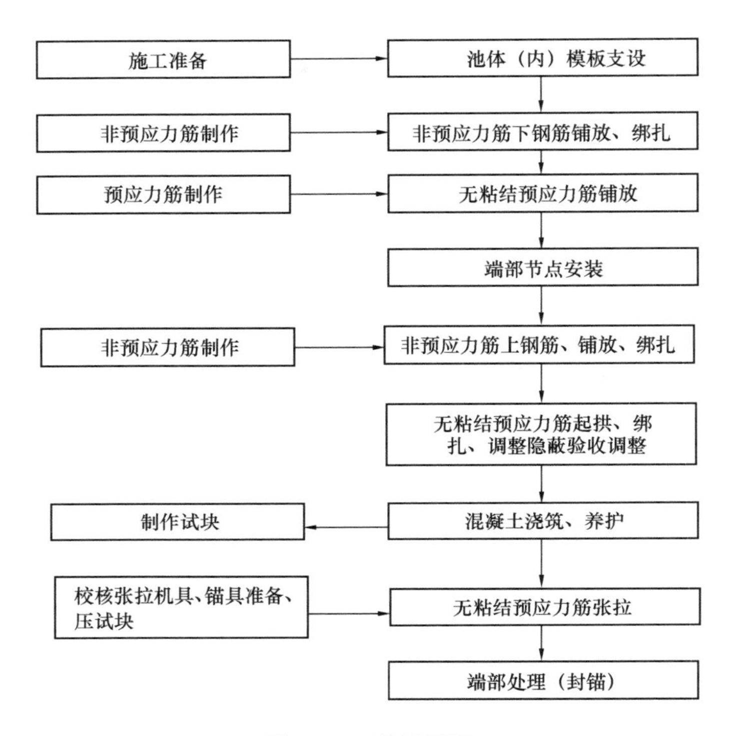

图 3-1　工艺流程图

3.1.2　无粘结预应力筋制作

（1）无粘结预应力筋按照施工图纸规定进行下料。按施工图上结构尺寸和数量，考虑预应力筋的曲线长度、张拉设备以及不同形式的组装要求，定长下料。预应力筋下料应用砂轮切割机切割，严禁使用电气焊。

（2）在下料过程中，遇钢绞线有死弯的应去除死弯部分，以保证每根钢绞线通长顺直。

（3）为保证预应力筋成型正确，采用马凳筋来控制预应力筋的矢高。

（4）在制作过程中，根据预应力筋的长短及所铺设位置逐根编号，并在堆放过程中分号堆放，以免造成施工时的混乱。

（5）张拉端外露长度要求控制在 80cm 以内；张拉用的锚具由专人负责发

放，做到一孔一锚。

（6）锚具：采用Ⅰ类锚具，锚具效率系数 $\eta_A \geqslant 0.95$，试件破断时的总应变 $\varepsilon_u \geqslant 2\%$。进场锚具与钢绞线配套，有生产厂家出具的合格证书、检测报告，并按要求进行硬度和静载锚固性能复试。所有进场锚具、夹具表面应无污物、锈蚀、机械损伤和裂纹。

3.1.3 预应力筋的铺设与安放

（1）铺筋前的准备工作

准备端模：预应力构件端模宜采用木模，并根据预应力筋的剖面位置在端模上打孔。

（2）定位筋的制作

为保证线形正确，误差在±5mm 之间，生化池底板预应力筋下部设置马凳筋，马凳筋间距为 500～1000mm，马凳高度根据图纸设计具体确定。

预应力筋的线形通过支撑筋控制，水平误差在±5mm，竖直误差在±10mm（图 3-2）。

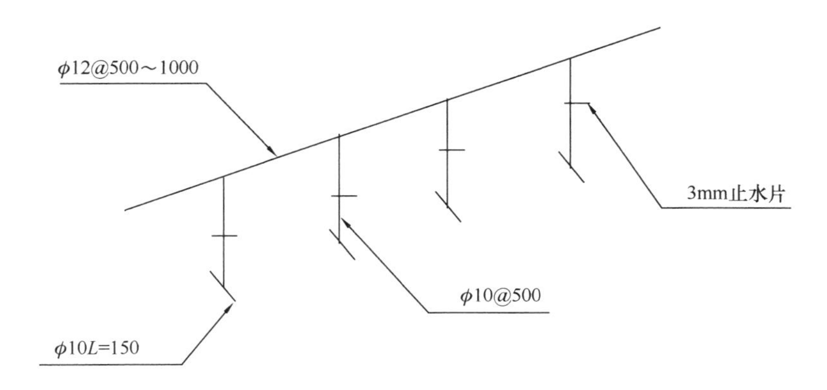

图 3-2 马凳筋设置图

待底板普通钢筋下层绑扎完成后安放定位马凳筋；非预应力筋（里）绑扎基本完毕后，根据每层预应力筋高度安放并绑扎（或点焊）预应力定位筋，其高度为预应力筋中线高度减去预应力筋半径（约 10mm）。为保证预应力筋矢高准确，曲线顺滑，要求每层筋水平方向每隔1.5m左右设置一个定位筋。

（3）铺设与安放

1）无粘结预应力筋应严格按要求就位并固定牢靠。无粘结预应力筋的曲率由垫铁马凳控制，铁马凳间距不大于2m，并应采用钢丝与无粘结筋扎紧。

2）预应力筋逐层穿入，注意尽量避免与普通筋发生摩擦。每穿好一束预应力筋，待位置调整无误后，利用绑丝将其固定，除了将其固定在定位筋上，还应在每两个定位筋设一定位点（与普通筋绑牢）。竖向预应力筋同样定位。

3）施工前由土建方将各种留洞、预埋管道准确标示在模板处。躲洞口处预应力筋应顺滑，预应力筋转弯位置在水平方向上与洞口距离不得大于500mm，且预应力筋距洞口不得小于50mm。

4）过洞口预应力筋处理方法：在竖直方向上与洞口边缘距离小于400mm的预应力筋，应绕过洞口。注意预应力筋转弯处距洞口水平距离应不小于500mm，同时预应力筋与洞口上下边缘最小距离不小于50mm，在竖直方向上与洞口边缘距离小于400mm的预应力筋，应断开并在洞口两侧的扶壁柱上设置张拉端，预应力筋遇孔洞时尽量按构造要求绕行，避免增加张拉结点。

5）节点安装：将端模板固定好，将承压板用火烧丝固定好，使其表面靠紧模板。张拉作用线（沿外露预应力筋方向）应与承压板面垂直。

6）在预应力筋的张拉端后装上一个螺旋筋，要求螺旋筋要紧贴承压板。

7）张拉端部预留孔应按施工图中规定的无粘结预应力筋的位置和编号钻孔。

8）张拉端的承压板应用钉子或螺栓固定在端部模板上，且应保持张拉作用线与承压板相垂直。

9）无粘结预应力筋垂直高度采用支撑钢筋控制，在板内垂直偏差为±5mm。

10）无粘结预应力筋的位置宜保持顺直，施工时采用多点画线或挂线方法，按点线铺设预应力筋。

11）双向铺放预应力筋时，应对每个纵横筋交叉点相应的两个标高进行比较，对各交叉点标高较低的无粘结预应力筋应先进行铺放，标高较高的交叉点宜避免两个方向的无粘结预应力筋相互穿插铺放。

12）铺放各种预埋管道管线不应将无粘结预应力筋的垂直位置抬高或压低。

13）当集束配置多根无粘结筋时，应保持平行走向，防止相互扭绞。

14）无粘结预应力筋的外露长度根据张拉机具所需要的长度确定，无粘结预应力曲线筋或折线筋末端的切线应与承压板相垂直，曲线度的起始点至张拉锚固点应有不少于 300mm 的直线段。

15）张拉端和固定端须配置螺旋筋，螺旋筋应紧靠承压板或锚具，并固定可靠。

3.1.4 混凝土质量控制

本工程具有一定的特殊性，整个生化池底板带有 1.5％坡度，对垫层表面平整度及标高要求很高，混凝土要求连续浇筑不得留施工缝，同时为了避免浇筑开始与结束时的混凝土强度差距过大，影响第一次预应力张拉，742.5m^3 混凝土必须在 10h 内浇筑完成，浇筑量为 80m^3/h。

（1）混凝土浇筑与振捣

经过论证后决定，由两台汽车泵由生化池东侧向西侧同时推进浇筑，确保混凝土浇筑的连续性及质量。通过采用两台汽车泵由生化池东侧向西侧同时推进浇筑，达到了一次浇筑成功的效果，未出现施工冷缝，满足了预应力张拉技术的要求。

混凝土振捣采用插入式振动器振捣应快插慢拔，遵循“紧插慢拔 30s”的原则并由人工配合适当敲打，插点应均匀排列，逐点移动，顺序进行，均匀振实，保证混凝土的密实，严禁漏振和出现蜂窝孔洞（图 3-3）。

（2）混凝土配合比

由于本工程采用现场搅拌站配合商品混凝土搅拌站同时进行浇筑的方法，

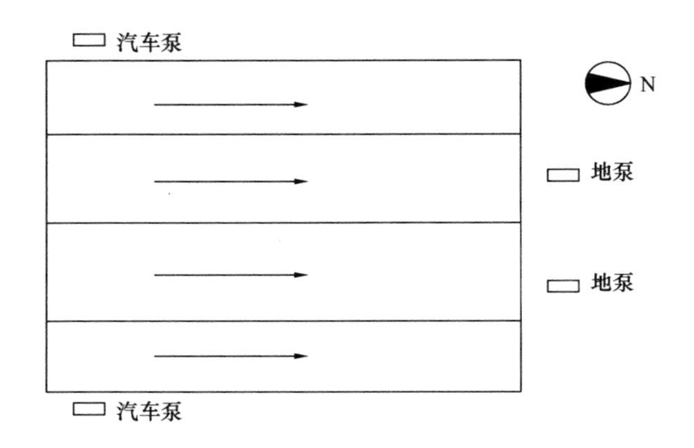

图 3-3　底板混凝土浇筑方向示意图

商品混凝土站及现场搅拌站要根据所选用的水泥品种、砂石级配、粒径和外加剂等提前 3 个月进行混凝土试配，得出相同的优化配合比，试验结果报经项目技术负责人审核后，报监理工程师审查认可。

具体配合比设计如下：

普通硅酸盐水泥：16％～17％；

砂子：33％～34％；

石子：39％～40％；

水：7％～7.7％；

复合抗裂外加剂：0.0018％～0.002％；

低热低碱的胶凝材料：1.7％～2.65％；

低碱含量的缓凝高效减水剂：0.44％～0.5％。

（3）混凝土养护

采取浇水并覆盖塑料薄膜的方法进行科学养护。混凝土浇筑完后，应在 12h 以内加以适当护盖浇水养护，正常气温每天浇水不少于 3 次，同时不少于 14d。

（4）混凝土裂纹的控制

浇筑过程中应注意混凝土表面压、抹和养护覆盖（塑料膜），以避免混凝土表面出现不规则的收缩裂纹。如施工不当，这些裂缝对于结构本身来说是非常不利的，所以一方面我们要从混凝土材料方面控制，还要采取二次张位的工艺，减少预应力的张位阻力。

1）水池结构混凝土中掺加高效复合抗裂外加剂，提高抗渗和防裂能力，减少混凝土中的微裂缝，同时减少混凝土的收缩裂缝，掺量为水泥用量的3%。

2）选用低热低碱胶凝材料，降低混凝土中心最高温度和内外温差。

3）选用低碱含量的缓凝高效减水剂。

使用高效减水剂在保证同样工作度和强度条件下可以降低水灰比，降低水泥用量，减少水化热温升。使用缓凝剂高效减水剂可以推迟高峰出现的时间，降低最高温度，减少内外温差，减少混凝土裂缝。

4）混凝土配合比中遵守中低强度高效高性能混凝土（HPC）配合比的设计原则。

① 控制水灰比不大于0.5；

② 坍落度不大于160mm。

5）为使预应力能充分作用到底板上，避免产生裂纹，我们采用了二次张拉的施工工艺，即预应力的张拉分两次进行，第一次张拉在混凝土强度达到设计强度的35%时进行，主要目的是将底板与滑动层之间进行松动，减少第二次张拉时的阻力，为第二次张拉作准备。第一次张拉每根无粘结预应力筋的控制张拉力为89kN；第二次张拉在混凝土强度达到设计强度的75%时进行，每根无粘结预应力筋的控制张拉力为193.9kN。

3.1.5 无粘结预应力筋的张拉

（1）预应力筋张拉前的准备

1）根据施工要求采用千斤顶及油泵的配套校验，以确定千斤顶张拉力与油泵压力表读间的关系，保证张拉力准确无误。

2）清理穴模及承压板，去除张拉部分钢绞线的外包层。

3）安装张拉锚具，安装时应保证夹片清洁无杂物。

4）张拉伸长值的计算以及复算。

5）确定张拉顺序，对张拉班组的人员进行安全教育、技术交底及工作分配。

6）准备张拉记录表。

（2）无粘结预应力钢筋张拉

张拉时要以控制应力为主并校核理论伸长值张拉。由于无粘结预应力筋较长，张拉值大于千斤顶行程，所以采用分级张拉，即锚固一次后千斤顶回程进行第二次循环，直至达到控制值。两端均应拉到控制值，伸长值合并计算。

本工程的预应力筋超长，张拉过程中应缓慢加力，张拉程序为：0→10%→100%σ_{con}。

安装张拉设备时，对直线的无粘结预应力筋，应使张拉力的作用线与无粘结筋中心线重合；对曲线的无粘结预应力筋，应使张拉力的作用线与无粘结筋中心线末端的切线重合。

（3）在底板与垫层间增加滑动层

预应力底板混凝土浇筑完成后，在预应力张拉过程中，底板与垫层之间产生的摩擦力，将会导致预应力部分损失，这将会大大降低预应力的效果，为减少预应力张拉时的摩擦阻力，增加预应力张拉的效果，根据设计要求和现场情况，在垫层与底板之间增加滑动层，滑动层采用3层0.2mm厚的滑动塑料板。

（4）张拉操作要点

穿筋：将预应力筋从千斤顶的前端穿入，直至千斤顶的顶压器顶住锚具为止。

张拉：油泵启动供油正常后，开始加压，当压力达到2.5MPa时，停止加压。调整千斤顶的位置，继续加压，直至达到设计要求的张拉力。当千斤顶行程满足不了所需伸长值时，中途停止张拉，作临时锚固，倒回千斤顶行程，再进行第二次张拉。

采用张拉时张拉力按标定的数值进行，用伸长值进行校核，即张拉质量采用应力应变双控方法。根据有关规范张拉实际伸长值误差应为理论伸长值的±6%。

千斤顶安装位置应与无粘结筋在同一轴线上，并与承压板保持垂直，否则，应采用变角器进行张拉。

（5）采用二次张拉施工工艺

从一个方向的直径处开始，并依次进行对称张拉，最后进行环向张拉。当直径处浇筑的混凝土强度达到设计值时进行第一次张拉，然后进行另一个方向的张拉，所有张拉均为两端同时张拉。

当强度达到设计要求时先进行竖向预应力筋的张拉，然后再进行水平方向的第二次张拉。水平向、竖向的每根无粘结预应力筋的控制张拉力为193.9kN。且水平向为两端同时张拉（图3-4）。

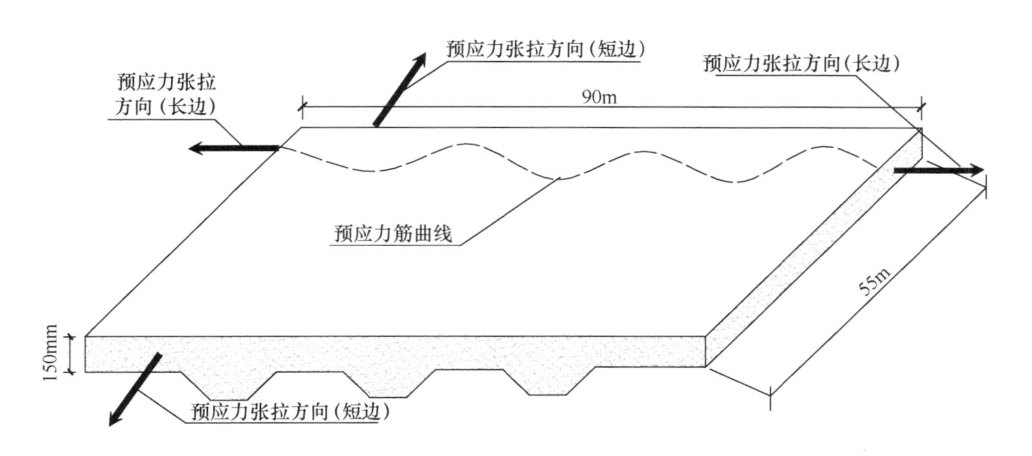

图3-4 底板预应力张拉方向示意图

竖向无粘结预应力筋的张拉点应从中间开始，向两侧均匀进行。在套管、孔洞两侧应对称进行。水平向无粘结预应力筋的张拉从底部开始，向上间隔进行张拉，且两根水平钢绞线同时在两端被张拉，即张拉顺序为底部第一排，向上第三排，向上第五排……至顶部。然后再从底部进行第二排，向上第四排……依次进行。

（6）预应力张拉方法的控制

无粘结预应力筋的张拉采用两端对称张拉的方法。每根预应力筋都贯穿整个底板，中间无张拉点和锚固点。张拉时先进行短边张拉，后进行长边张拉。两端的千斤顶同步给压，达到设计规定的张拉力时，先在一端锚固，另一端补足张拉值后再锚固。预应力使底板混凝土始终处于受压状态，从而增加底板混凝土结构的密实性及耐久性。

3.1.6 控制底板变形措施

（1）预应力筋布筋时，控制钢绞线的铺设位置，通过现场预制的砂浆垫块保证钢绞线的水平标高位于混凝土底板的中心位置，以保证在进行预应力张拉时底板受力均匀不致产生变形。

（2）预应力张拉时采用两侧同时张拉的方法，且张拉顺序按照底板周长均匀进行，以保证张拉时混凝土底板四周受力均匀不产生变形。

（3）混凝土浇筑时严格控制混凝土底板下垫层平整度以及混凝土的浇筑厚度及成活标高，派专人管理，对整个底板混凝土的浇筑过程进行全程监控，确保混凝土的浇筑厚度符合要求，以保证混凝土底板厚度均匀张拉时不产生应力集中现象。

3.1.7 张拉测量记录

张拉前逐根测量外露无粘结预应力筋的长度，依次记录，作为张拉前的原始长度。张拉后再次测量无粘结预应力筋的外露长度，减去张拉前测量的长度，所得之差即为实际伸长值，用以校核计算伸长值。测量记录，应准确到毫米。

3.1.8 封锚

预应力筋在张拉后，经监理验收合格后，用砂轮锯将外漏预应力筋切断，剩余 30～40mm，然后涂防锈漆，最后根据设计要求使用胶粘剂，然后再密封处理。

3.2 异形沉井施工技术

随着城市建设规模的扩大和绿色环保意识的加强，各项基础设施尤其是污水收集输送泵站的建设项目逐年增多。沉井以其挖土量少、对邻近建（构）筑物的影响比较小、稳定性好、能支承较大荷载的优势正越来越多地应用于污水处理系统。异形沉井结构复杂，平面形状不规则，沉井刃脚底标高不等。因此，给沉井制作、下沉、防偏与纠偏、封底等施工带来诸多困难。

根据异形沉井的特点，从工作基坑的开挖、砂垫层的铺设、刃脚支垫、沉井制作、沉井下沉、下沉过程中倾斜位移的预防及纠正、沉井封底等方面着手，采取切实可行及合理周密的具体技术措施，施工中采取全过程的监控，使其施工便利而且施工质量满足设计要求。

根据异形（凸字形）沉井平面形状不对称、刃脚存在大高差（高差 2.6m）、自重分布不均匀、平稳下沉控制难度远远大于普通的圆形或矩形沉井的特点，从下沉方案选择、砂垫层厚度及垫架间距确定、沉井施工中涉及的各类验算、工作基坑的开挖、砂垫层的铺设、刃脚支垫、沉井制作、沉井平稳下沉控制、封底、高低刃脚交接处特殊部位处理等方面进行详细介绍。并且，在高低刃脚支设技术、异形钢筋混凝土沉井平稳下沉控制技术、沉井下沉测量控制与观测技术、沉井封底技术等方面有所创新。

在地面或地坑上，先制作开口钢筋混凝土筒身，待筒身达到一定强度后，在井筒内分层挖土、运土，随着井内土面逐渐降低，沉井筒身借其自重克服与土壁之间的摩阻力，不断下沉，当下沉到距设计标高 0.1m 时，停止井内挖土，使其靠自重下沉至设计或接近设计标高，经过 2～3d 下沉稳定后按设计进行沉井封底。

3.2.1 工艺流程

异形沉井施工工艺流程如图 3-5 所示 。

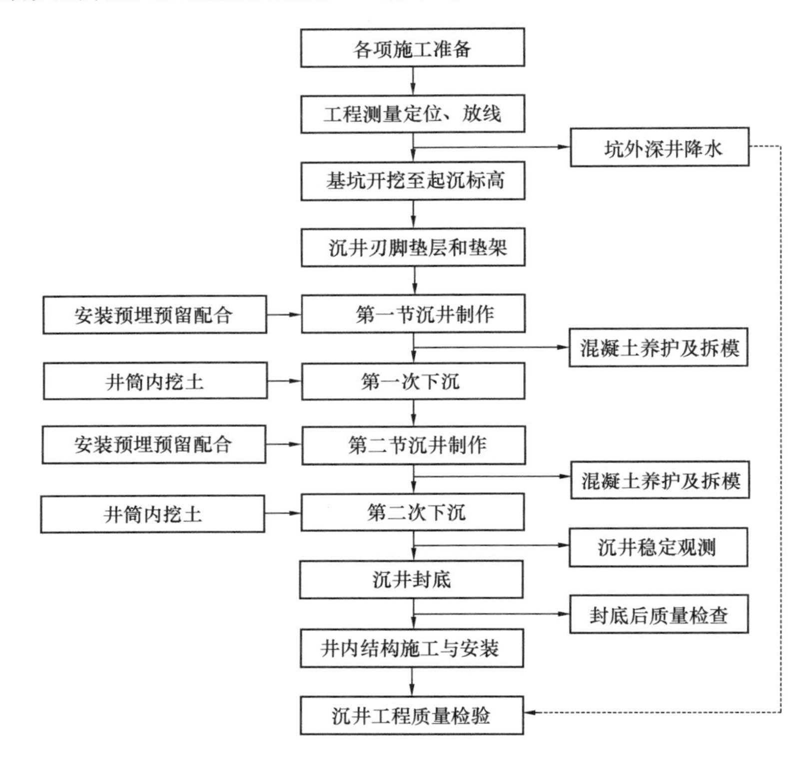

图 3-5　施工工艺流程图

3.2.2 施工方案选择

（1）根据对拟建场地的土层特征、地下水位及施工条件的综合分析，优先采用“排水下沉和干封底”的施工方法。该方法可以在干燥条件下施工，挖土方便，容易控制均衡下沉，土层中的障碍物便于发现和清除，井筒下沉时一旦发生倾斜也容易纠正，而且封底的质量也可得到保证。

（2）沉井施工的一般方法为：一次制作、一次下沉；分节制作、一次下沉；多节制作、分节下沉、制作与下沉交替进行。异形沉井平面形状不规则，刃脚底标高不在同一水平面上，且沉井高度较大，施工技术难度较大，在下沉时容易发生倾斜，因此优先采用分节制作、分节（沉井高度 10m 以上）或一次（沉井高度 10m 以下）下沉方法。沉井分节制作的高度，应保证其稳定性并能使其顺利下沉。

（3）施工缝中部采取可靠止水措施。

（4）对大型沉井，沉井内部设计有钢筋混凝土隔墙或钢筋混凝土梁时，为防止下沉过程中土压力将沉井壁挤裂，沉井内部的钢筋混凝土隔墙或钢筋混凝土梁与沉井壁同时制作，随沉井一起下沉。

3.2.3 沉井验算

（1）刃脚垫木铺设数量和砂垫层铺设厚度测算

刃脚垫木的铺设数量，由第一节沉井的重量及地基（砂垫层）的承载力而定。沿刃脚每米铺设垫木的根数 n 可按式（3-1）计算：

$$n=G/A \cdot f \tag{3-1}$$

式中 G ——第一节沉井单位长度的重力（kN/m）；

A——每根垫木与砂垫层接触的底面积（m^2）；

f——地基或砂垫层的承载力设计值（kN/m^2）。

沉井的刃脚下采用砂垫层是一种常规的施工方法，其优点是既能有效提高地基土的承载能力，又可方便刃脚垫架和模板的拆除。砂垫层的厚度一般根据第一节沉井重量和垫层底部地基土的承载力计算而定，可按式（3-2）计算：

$$h=(G/f-L)/2\tan\theta \tag{3-2}$$

式中 G ——沉井第一节单位长度的重力（kN/m）；

f——砂垫层底部土层承载力设计值（kN/m^2）；

L——垫木长度（m）；

θ ——砂垫层的压力扩散角，一般取 22.5°。

（2）沉井下沉验算

沉井下沉前，应对其在自重条件下能否下沉进行验算。沉井下沉时，必须克服井壁与土间的摩阻力和地层对刃脚的反力，其比值称为沉井下沉安全系数 K。井壁与土层间的摩阻力计算，通常的方法是：假定摩阻力随土深而加大，并且在5m深时达到最大值，5m以下时保持常值。计算简图见图3-6。

沉井下沉安全系数的验算公式为：

$$K = (Q - B)/(T + R) \tag{3-3}$$

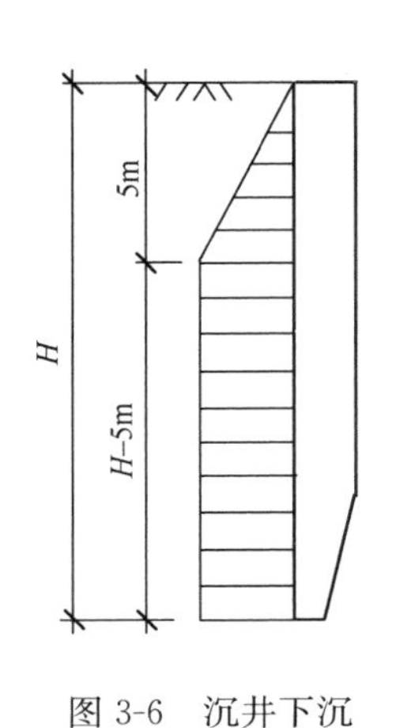

图3-6 沉井下沉摩阻力计算简图

式中 K——沉井下沉安全系数；

Q——沉井自重及附加荷载（kN）；

B——被井壁排出的水量（kN），如采取排水下沉法时，$B=0$；

T——沉井与土间的摩阻力（kN），$T = L(H-2.5)\cdot f$；

L——沉井外周长（m）；

H——沉井全高（m）；

f——井壁与土间的摩阻力系数（kPa），由地质资料提供；

R——刃脚反力（kN），如将刃脚底部及斜面的土方挖空，则 $R=0$。

3.2.4 沉井封底后的抗浮稳定性验算

沉井封底后，整个沉井受到被排除地下水向上浮力的作用，如沉井自重不足以平衡地下水的浮力，沉井的安全性会受到影响。为此，沉井封底后应进行抗浮稳定性验算。

沉井外未回填土，不计井壁与侧面土反摩擦力的作用，抗浮稳定性计算公式见式（3-4）所示：

$$K=G/F\geqslant 1.1 \tag{3-4}$$

式中 G——沉井自重力（kN）；

F——地下水向上的浮力（kN）。

根据上述计算，当沉井自重不足以抵抗地下水的浮力时，沉井封底后，井外的沉井降水必须继续进行，直到沉井内部结构和上部结构完成后才能停止。

3.2.5 平整场地、工作基坑开挖

施工前将自然地面上的积水、杂物等清理干净，按提前施测好的标高进行初步找平。对池壁两侧存在高低差的异形沉井，先开挖井壁较深一侧基坑，至与其相邻井壁高差标高处，使较深侧沉井在坑中作业。基坑开挖前，首先根据基坑底面几何尺寸、开挖深度及边坡定出基坑开挖边线，再根据图纸上的沉井坐标定出沉井纵横轴线控制桩。

3.2.6 砂垫层铺设

沉井高度大，重量重，当地基承载力较低，经计算垫架需用量较多、铺设过密时，在垫木下设砂垫层加固，以减少垫架数量，将沉井的重量扩散到更大平面上，避免制作中发生不均匀沉降，同时，使沉井易于找平，便于铺设垫木和抽除。砂垫层厚度经计算确定，砂选用中砂，用平板振动器振捣并洒水，控制其密度不小于 1.56t/m^3。

3.2.7 刃脚支设

刃脚支设采用垫架法，在砂垫层上铺承垫木和垫架，垫架间距取 1.0m，垫木采用 160mm×220mm×2000mm 枕木，在垫木上支设刃脚及井壁模板，浇筑混凝土。垫架铺设应对称进行，同一条沉井壁上设 2 组定位架，每组由 2～3 个垫架组成，位置在距离两端各 0.15L 处（L 为沉井壁边长），在其中间支设一般垫架，垫架垂直井壁铺设。

砂垫层铺平夯实后铺设垫木，铺设垫木时用水准仪找平，应使顶面保持在同一水平面上，高差在 10mm 以内，并在垫木间用砂填实，垫木埋深为其厚度的一半。

预制时外圈沉井壁刃脚加∠150mm×100mm×10mm 型钢护角，中间沉井壁

采用 10mm 厚钢板按刃脚形状制作型钢护角，护角与混凝土锚固用 ϕ12 钢筋，锚固筋长 400mm，每 300mm 设一道，每道两根。具体做法见图 3-7 所示。

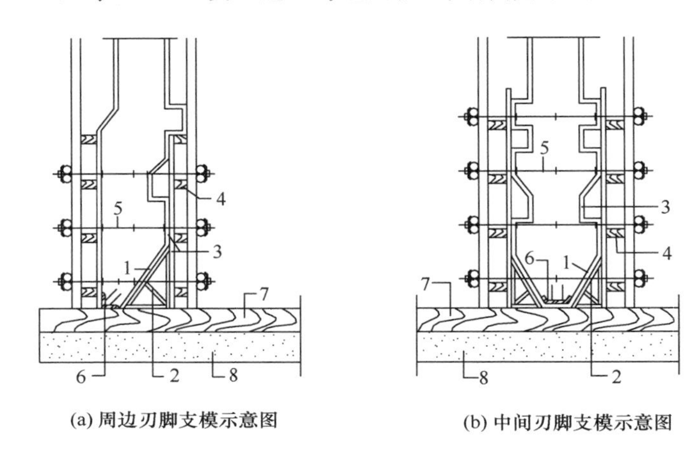

图 3-7　刃脚支模示意图
1—刃脚模板；2—垫架；3—模板；4—50mm×70mm 木方；5—ϕ12 对拉螺栓；6—角钢护角；7—枕木；8—砂垫层

3.2.8　沉井壁制作

（1）模板支设

井壁模板可采用组合钢模板，不符合模数处采用木模。模板加固采用对拉螺栓，中部设止水片。模板支撑采用在沉井壁内外两侧搭设双排钢管脚手架。

（2）钢筋绑扎

井壁竖筋可一次绑好，水平筋分段绑扎，与内隔墙及底板连接部位预留的连接钢筋在井壁施工时预埋，对应于钢筋位置在木模板上开豁口以保证钢筋位置准确。

（3）混凝土浇筑

混凝土采用商品混凝土，输送泵送至沉井浇筑部位。浇筑采用分层平铺法，每层厚 300mm，下料先从沉井壁较浅一侧开始，将沉井沿周长分成若干段同时浇筑，确保沿井壁均匀对称浇筑。

两节混凝土接缝处宜设 15mm 深、20mm 宽凹形施工缝，且设止水条。

（4）沉井壁孔洞处理

沉井外壁 $DN1500$ 洞口在下沉前用钢板、木板封闭，中间填与孔洞重量相等的砂石配重，外侧钢板与内侧木板用 $\phi 12$ 对拉螺栓加固，外圈 8 个，内圈 4 个，具体做法见图 3-8。

（5）针对高低刃脚存在高差的处理措施

1）深浅基坑处处理措施

在深浅基坑交界处，为方便较浅基坑部分砂垫层铺设，砌 240mm 厚红砖墙，内抹 20mm 厚水泥砂浆，外挂 1 层厚塑料布，兼作刃脚模板，具体做法见图 3-9。

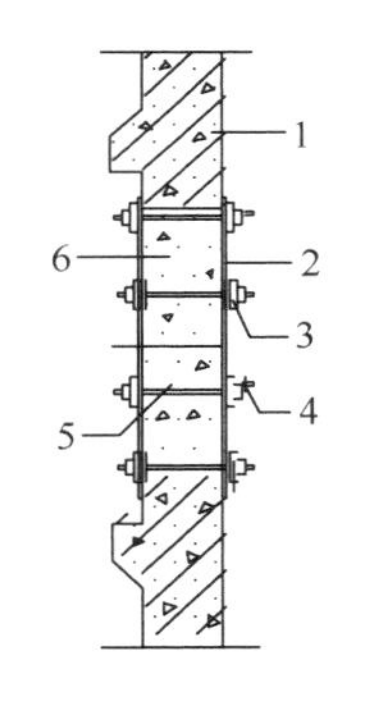

图 3-8 $DN1500$ 管孔临时封闭措施

1—沉井壁；2—10mm 厚钢板；3—50mm×100mm 木方；4—螺母；5—$\phi 12$ 对拉螺栓；6—砂石配重

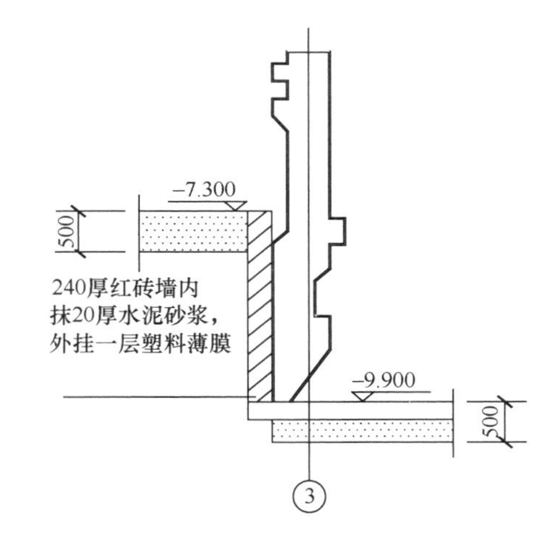

图 3-9 深浅基坑处处理措施

2）高低刃脚交接处结构处理措施

沉井高低刃脚交接处以 1∶2 坡度斜刃脚过渡，防止在下沉过程中此部位因应力集中造成井壁拉裂。

3.2.9 沉井下沉

（1）施工平台架设

在沉井上口铺木跳板，形成施工操作平台，在每仓中部适当位置留洞口，以利提升井内弃土。

（2）垫架拆除

刃脚垫架待混凝土达到设计强度的100%后拆除。抽除垫架应分区、分组、依次对称、同步地进行，抽除次序为先抽内隔墙下垫架，再抽除外墙两短边下的垫架，然后抽除长边下一般垫架，最后同时抽除定位垫架。抽除方法是将垫架底部的土挖去，使垫架下空，利用绞磨或卷扬机将相对垫木抽出。

（3）挖土下沉

1）待混凝土抗压强度达到设计强度的100%后开始下沉。

2）采用人工挖土，从井中间挖向四周，均衡、对称地进行，使沉井能均匀竖直下沉。每层挖土厚度为0.4～0.5m，在刃脚处留1.2m宽土台，用人工逐层切削，每次削5～10cm，当土垅挡不住刃脚的挤压而破碎时，沉井便在自重作用下破土下沉。

3）同一刃脚底标高部分，削土时应沿刃脚方向全面、均匀、对称地进行，且各孔格内挖土高差不得大于500mm，使均匀平稳下沉。

4）在离设计深度20cm左右时应停止取土，靠自重下沉至设计标高。

5）沉井内挖出的土方，装于吊斗内用8t塔式起重机吊至井外，用自卸汽车运至弃土地点堆放。

（4）测量控制与观测

1）沉井位置标高的控制，是在井外地面及井壁顶部四面设置纵横十字中心控制线、水准基点，下沉时在井壁上四周设水平点，于壁外侧用红铅油画出标志，用水准仪来观测沉降。

2）井内中心线与垂直度的观测利用井壁内侧上部预埋钢筋，下部预埋水平标板来控制。井壁内侧标出垂直轴线，各吊一个线坠，对准下部标板，如图3-10所示。

3）沉井下沉过程中，应安排专人进行测量观测。沉降观测每8h至少2次，刃脚标高和位移观测每台班至少1次。下沉至接近设计标高时加强观测，每2h一次，预防超沉。

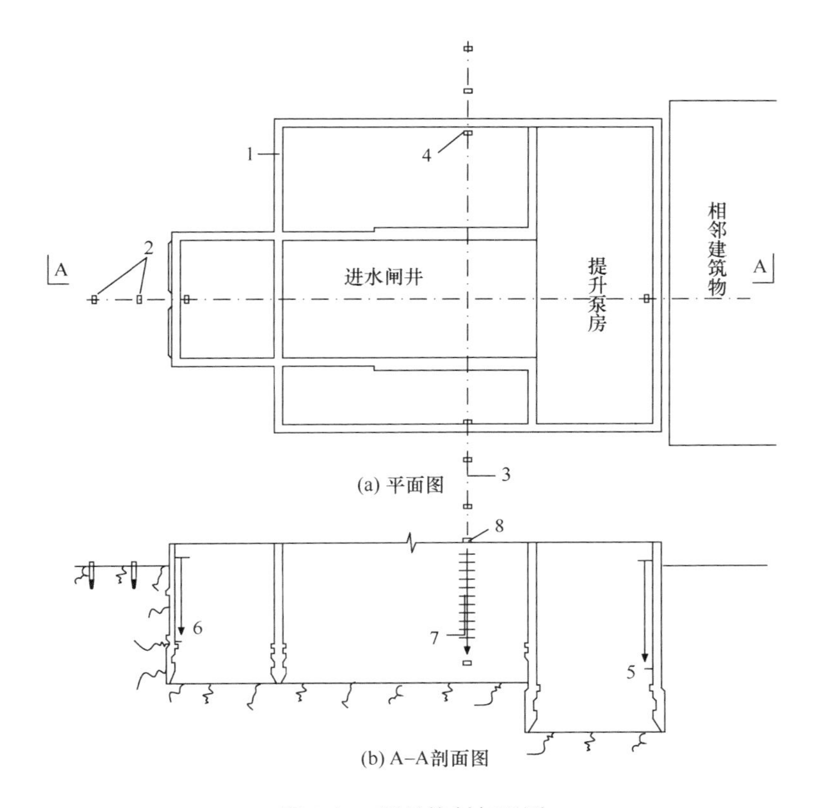

图 3-10 测量控制与观测

1—沉井；2—中心线控制点；3—沉井中心线；4—钢标尺；

5—铁件；6—线坠；7—壁外下沉标尺；8—沉井观测点

4）当沉井每次下沉稳定后应进行高差和中心位移测量。每次观测数据均须如实记录，并按一定表式填写，以便进行数据分析和资料管理。

5）当发现倾斜、位移、扭转时，及时通知值班队长，指挥操作工人及时纠正，使误差在允许范围内。

（5）下沉过程中倾斜、位移的预防及纠正

1）初沉期间沉井没有井壁外土摩擦阻力作用，由于沉井自重分布不均匀，井体易发生较大倾斜和滑移。采取暂不开挖或少挖较浅区域土方，先进行较深区域土方开挖的措施，有意识防止沉井向较深区域偏移，确保沉井平衡下沉。

2）随着沉井下沉深度加大，由于井壁入土深度不等引起的井壁外摩擦阻力分布不均匀易导致井体发生倾斜和滑移。根据技术人员随时估算的井体重心与井壁外摩擦阻力合力点的偏差值，确定各区的开挖量，确保沉井平稳下沉。

3）高低刃脚沉井下沉时，因刃脚高度不等而使得各边刃脚不能同时在同一性质的土层上，易产生偏斜。为此，根据井下土层变化情况及时调整挖土位置和挖土量，使开挖遵循先硬后软的顺序，确保沉井平稳下沉。

4）当沉井下沉过程中，偏斜达到允许偏差值 1/4 时就应纠偏，沉井下沉过程中要做到勤测、勤纠、缓纠。沉井初沉阶段纠偏应根据“沉多则少挖”“沉少则多挖”的原则在开挖中纠偏。终沉阶段要加强监控，缓中求稳，严格控制超沉。如沉井已经倾斜，可采取在刃脚较高一侧加强挖土，并可在较低的一侧适当回填砂石。必要时可配局部偏心压载，可以使偏斜得到纠正。待其正位后，再均匀分层取土下沉。

5）位移纠正措施一般是有意使沉井向位移相反方向倾斜，再沿倾斜方向下沉，至刃脚中心与设计中心位置吻合时再纠正倾斜，使偏差在允许范围以内。

3.2.10 沉井封底

（1）当沉井下沉至距设计底标高 10cm 时，停止井内挖土，使其靠自重下沉至或接近设计底标高，再经 2～3d 的下沉稳定，或经观测在 8h 内累计下沉量不大于 10mm 时，即可进行封底施工。

（2）首先将新老混凝土接触面冲刷干净，对井底进行修整使其形成锅底形，再浇筑封底素混凝土，刃脚下混凝土切实填严，振捣密实，以保证沉井的最后稳定。

（3）垫层混凝土达到 50%设计强度后，进行底板钢筋绑扎。钢筋应按设计要求伸入刃脚的凹槽内。

（4）底板混凝土浇筑时，应分层、不间断地进行，由四周向中间推进，每层浇筑厚度控制在 30～50cm 左右，并采用振动器振捣密实。底板混凝土浇筑后应进行自然养护。

3.3 环形池壁无粘结预应力混凝土施工技术

随着国家和各级政府对环境保护重视程度的不断提高，中国污水处理行业正在迅猛发展，污水处理厂项目的年建设数量亦连年上升。污水处理厂中各构筑物的结构设计形式也发生了较大的变化，正由单一的钢筋混凝土结构向预应力钢筋混凝土结构过渡。其中，多采用的结构为后张法无粘结预应力钢筋混凝土结构，而此技术在环形结构中的应用成为预应力施工技术中较为成功的一例，正越来越受到人们的关注。无粘结预应力混凝土环形池壁施工采取一次性混凝土浇筑，不留设施工缝，待达到设计要求后进行池壁无粘结预应力张拉。

3.3.1 工艺流程

内脚手架搭设→铺设滑动塑料布→内侧池壁模板→悬挑梁模板→内侧池壁钢筋→悬挑梁钢筋→外侧池壁钢筋→预应力钢绞线安装→外侧脚手架→外侧池壁模板→模板加固→走道板模→走道板钢筋→细部加固及检查验收→池壁、悬挑梁、走道板混凝土浇筑→混凝土养护→拆模→预应力钢绞线张拉→封锚。

3.3.2 池壁脚手架搭设

内双排落地脚手架：立杆纵向间距以角度为4°开始排（以外侧脚手架为准），横向间距为1200mm，大横杆间距（步距）为1800mm，大横杆之间设置一道水平杆，距上下大横杆距900mm，地面200mm高处设置一根扫地杆，立杆之间应错开连接，采用对接扣件，大横杆之间应错开连接，采用旋转扣件连接，外侧立杆设置剪刀撑，详见图3-11。

外双排落地脚手架：立杆纵向间距以角度为4°开始排（以内侧脚手架为准），横向间距为1500mm，大横杆间距（步距）为1800mm，大横杆之间设置一道水平杆，距上下大横杆距900mm，地面200mm高处设置一根扫地杆，立杆之间应错开连接，采用对接扣件，大横杆之间应错开连接，采用旋转扣件连接，外侧立杆设置剪刀撑，详见图3-12。

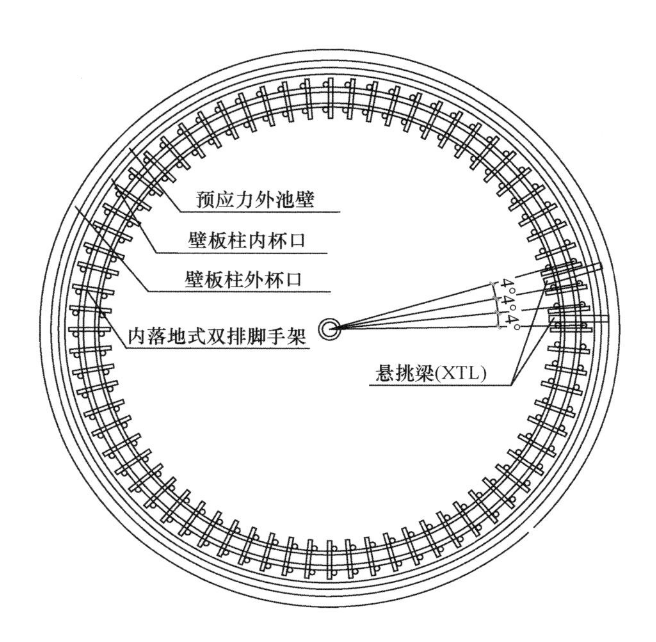

图 3-11　环形池壁内脚手架搭设示意图

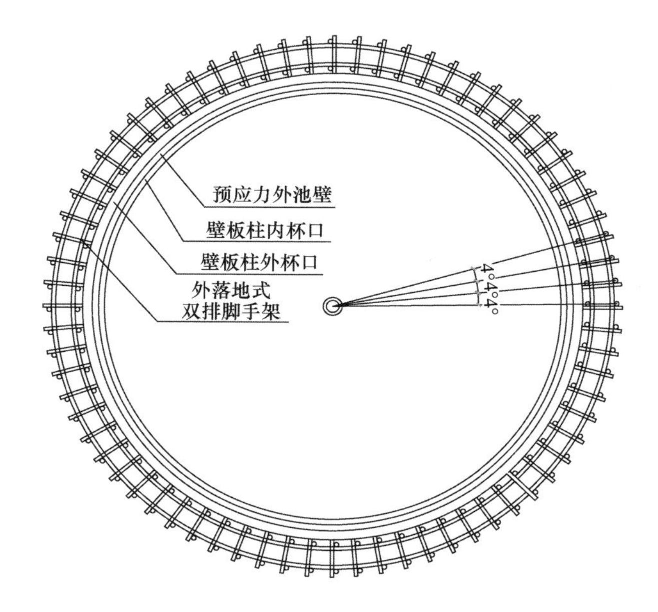

图 3-12　环形池壁外脚手架搭设示意图

环形池壁脚手架搭设剖面示意，详见图 3-13。

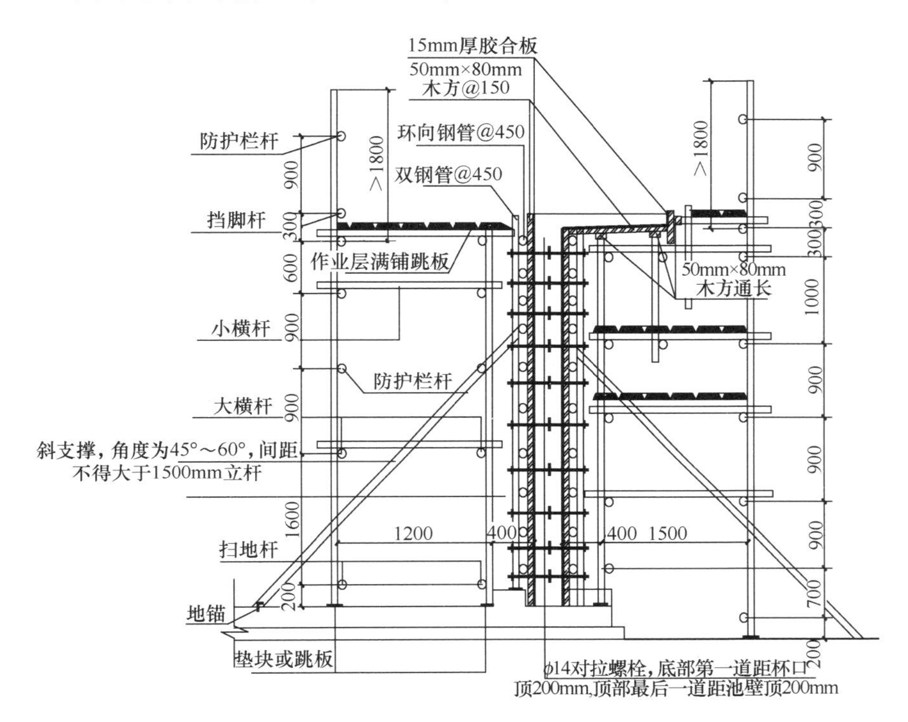

图 3-13　环形池壁脚手架搭设剖面示意图

3.3.3　铺设滑动塑料布

池壁施工之前，根据池壁的定位放线，在底板上池壁下部位铺设 3 层 1.0mm 厚塑料布，每边超出池壁宽度不小于 50mm，塑料布应厚度均匀、光滑，用以增大池壁与底板间的滑动能力。

3.3.4　普通钢筋绑扎

（1）钢筋绑扎时，为防止钢筋倾斜和确保钢筋骨架尺寸，沿墙体纵向每隔 10m 设置 1～2 道竖向钢筋骨架，同时内外网片设剪刀撑，钢筋骨架用与墙体主筋相同型号钢筋焊接而成。

(2) 预埋管线、铁件应固定牢固。预留孔洞位置应准确，其标高、位置等尺寸均应准确，不得遗漏和移位。尺寸大于 300mm 的预留洞口处应按要求设置加强筋。

(3) 水池工程具有一定的特殊性，所以在钢筋施工过程中要杜绝漏筋现象，垫好钢筋保护层垫块，池壁筋按间距 0.6m 梅花形设置，侧面垫块应与钢筋绑牢，不应遗漏。钢筋保护层厚度底板上皮、池壁、中心竖井及梁柱等为 35mm，底板下皮为 40mm，集水槽、走道板为 25mm，基础底板垫块采用大理石垫块，池壁侧向垫块采用塑料卡式垫块。

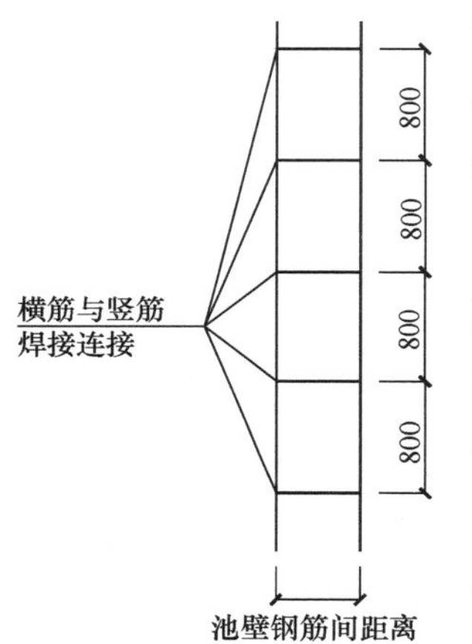

图 3-14 梯子筋形式

(4) 池壁钢筋绑扎程序为：池壁内侧竖向钢筋绑扎→池壁内侧水平筋绑扎→池壁外侧竖向筋绑扎→池壁外侧水平筋绑扎→预应力钢筋铺设→预埋铁件、管线设置→钢筋隐蔽验收。

(5) 走道板钢筋深入支座的锚固长度应满足设计规范要求。

(6) 池壁钢筋的固定：采用竖向梯子筋，形式见图 3-14。

墙体钢筋间距控制采用纵向“梯子筋”，梯子筋间距为 2000mm，焊接梯子筋的钢筋直径要求大于设计纵向钢筋一个规格，梯子筋中的横筋要求按 800mm 间距设置一道。

3.3.5 预应力材料进场检查、复验

(1) 预应力钢绞线

1) 进场检查：外观无锈坑、无折弯、无断丝，钢绞线无粘结外包层，无破损、厚度均匀。

2) 以每次重量不大于 60t 为一验收批，抽检一组，进行力学性能试验，同时做好钢绞线弹性模量的检测。

（2）锚具

1）外观检查

从每批中抽取10%锚具，但不少于10套，检查其外观与尺寸，如有一套表面有裂纹或超过产品标准及设计图纸规定尺寸的允许偏差，则另取双倍数量的锚具重做检查，如仍有一套不符合要求，则应逐套检查，合格者方可使用。

2）硬度检验

按每批抽取5%的锚具做硬度试验，每个零件测试3个点，其硬度应在设计要求的范围内。如果有1个零件不合格，则另取双倍数量的零件重做试验；如果仍有1个零件不合格，则应逐个检验，合格者方可使用。

3）静载锚固性能试验

在通过外观检查和硬度检验的锚具中抽取6套样品，与符合试验要求的预应力筋组装成3个预应力筋-锚具组装件，由具备资质的专业质量检测机构进行静载锚固性能试验。试验结果应单独评定，每个组装件试件都必须符合要求。如有一个试件不符合要求，则应取双倍数量的锚具重做试验；如仍有一个试件不符合要求，则该批锚具为不合格品。

3.3.6 模板安装

（1）弹出模板就位安装线及控制线。池体轴线位移偏差控制在±3mm范围内。

（2）做好找平层，以保证混凝土池壁高度一致，池体标高偏差控制在±5mm范围内。

（3）安装模板的根部需垫抹砂浆1.0～1.5cm，防止池体发生烂根、露筋、蜂窝、麻面现象，并派专人仔细补漏，杜绝漏浆。

（4）预应力池壁模板安装顺序：内模安装→池壁钢筋绑扎→预应力筋铺设→对拉螺栓安装→外模安装→背钢管→垂直吊正→模板加固→下道工序。

（5）安装对拉螺栓与校正模板同步进行。墙的宽度尺寸偏差控制在2mm范围内。每层模板立面垂直度偏差控制在3mm范围内。对拉螺栓必须紧固牢靠，防止出现松动而造成胀模。对拉螺栓用 ϕ14 圆钢制作，两端套丝，中间用－3mm×60mm×60mm 厚钢板作止水板。

3.3.7 混凝土浇筑

混凝土浇筑是本次施工的重中之重，按照要求必须配置 10 名专业振捣工，振捣工只负责自己浇筑区域内的混凝土振捣，每个振捣工必须配置 1 名力工，负责跟随振捣工挪动振捣器和迁移电缆线，并有 1 名施工管理人员进行监督和指导。

(1) 混凝土浇筑顺序

池壁混凝土浇筑采用 2 台汽车泵同时进行，由一点开始，按照 500mm 高度进行转圈分层浇筑（图 3-15）。

混凝土振捣时应振捣均匀、密实，快插慢拔，振捣时间一般在 30～40s，振捣棒移动距离不得大于 400mm，预留孔洞、预埋套管或钢筋较密集等振捣难度较大的部位尤其应加强振捣，不得出现漏振、过振或超振的现象发生，必须及时振捣，不得让混凝土成堆，防止此处混凝土骨料表面出现风干，新旧混凝土交接处应振捣及时充分，振捣棒应插入旧混凝土内 200～300mm，不得出现冷缝，详见图 3-16。

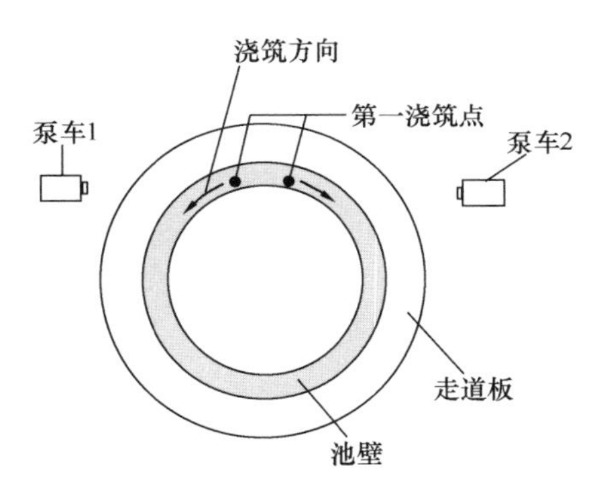

图 3-15 池壁混凝土浇筑顺序示意图

池壁混凝土振捣工站位详见图 3-17。

(2) 悬挑梁混凝土浇筑

施工前悬挑梁根部与池壁交界处须将顶部敞开，待混凝土浇筑完成后再立即将顶模进行封闭严实，当池壁混凝土浇筑同悬挑梁高度或约高于悬挑梁时，应在池壁上部设置 1 台振捣棒和悬挑梁处设置 1 台振捣棒同时进行振捣，将混凝土引流入悬挑梁中，此时混凝土坍落度值控制在 180mm 左右，保证混凝土

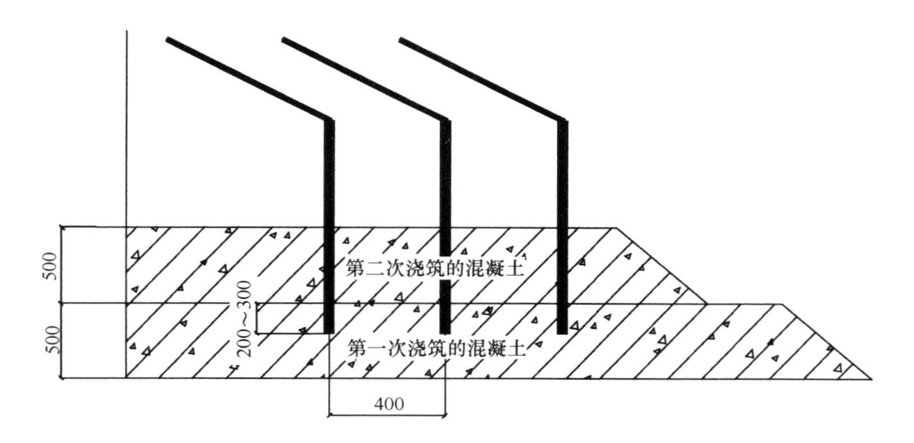

图 3-16 池壁混凝土浇筑示意图

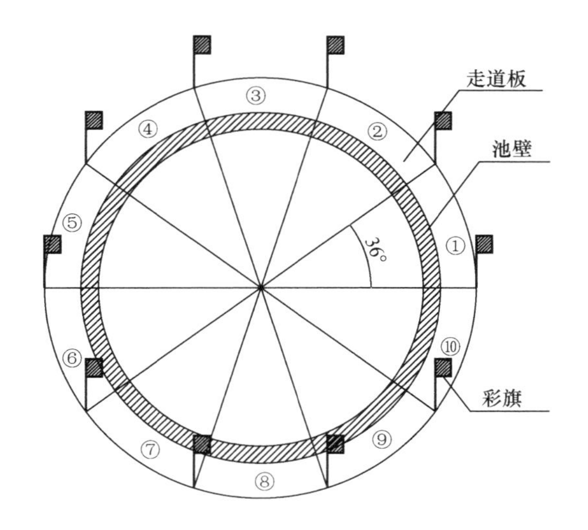

图 3-17 池壁混凝土振捣工站位示意图

的流动性，详见图 3-18。

（3）出水槽混凝土浇筑

施工前出水槽底板、顶板、墙壁与池壁模板全封闭，待浇筑池壁、悬挑梁时，在出水槽处应特意加强振捣，振捣尽量斜插入出水槽底板内一段完成第一次混凝土浇筑，待继续进行池壁混凝土浇筑时，单独对出水槽池壁、底板进行

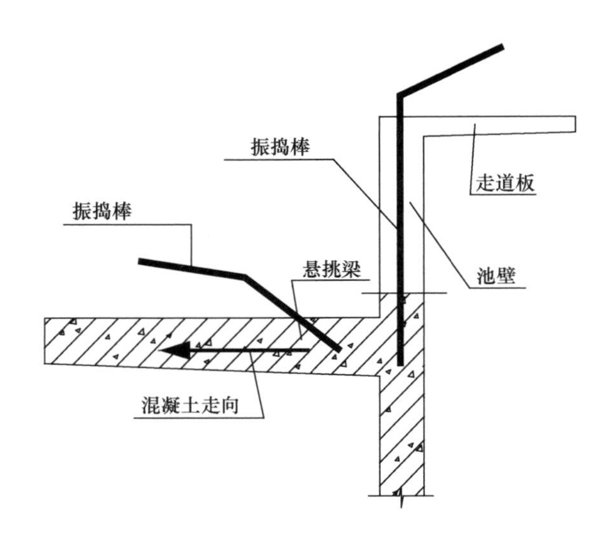

图 3-18　池壁悬挑梁混凝土浇筑示意图

混凝土浇筑，这时需要加强振捣，插入深度应接近底板底模但不能接触底模，将混凝土引流入出水槽底板内中，一直待出水槽墙壁混凝土不下沉为止，并且混凝土应浇筑至墙壁 500mm 高处，完成第二次混凝土浇筑，此时混凝土坍落度值控制在 180mm 左右，保证混凝土的流动性，详见图 3-19。

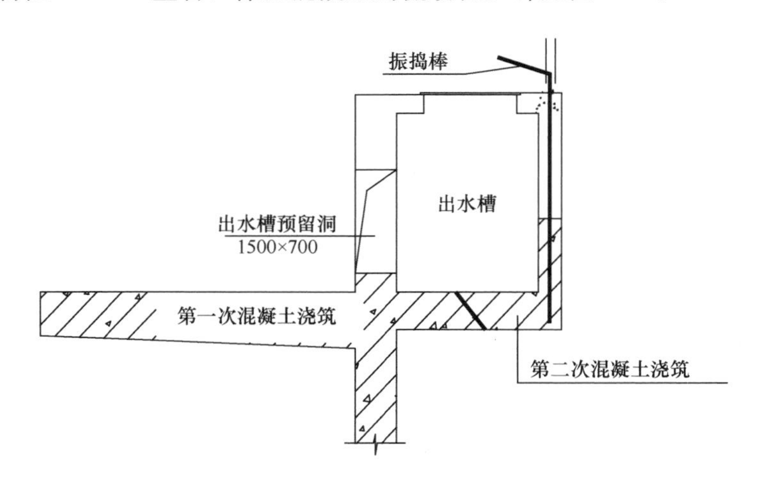

图 3-19　池壁出水槽混凝土浇筑示意图

3.3.8 预应力施工

（1）预应力筋下料、制作

预应力筋的下料长度应综合考虑其曲率、锚固端保护层厚度、张拉伸长值及混凝土压缩变形等因素，并应根据不同的张拉方式和锚固形式预留张拉长度，对采用夹片式锚具与穿心式千斤顶进行张拉的构件上的钢绞线，其下料长度 L 按式（13-5）或式（3-6）计算：

一端张拉时： $$L = L_0 + L_1 + L_2 + L_3 + L_4 \tag{3-5}$$

两端张拉时： $$L = L_0 + 2(L_1 + L_2 + L_3) \tag{3-6}$$

式中 L_0——构件的孔道长度；

L_1——张拉端锚垫板厚度；

L_2——夹片式工作锚具厚度；

L_3——张拉端外露预留长度；

L_4——锚固端长度。

预应力筋的下料应在平整的场地上直线定出下料长度，并在下料场地两端设置固定标志，每端有专人负责。切断前应将预应力筋拉直，用砂轮切割机切断，不得用电弧切割。

（2）端头承压板和螺旋筋的设置

端头承压板和螺旋筋的埋设位置应准确，平整度不宜大于 3mm，且应保持张拉作用线与承压板面垂直。

（3）曲率较大部分节点预应力筋的加强处理

此结构的特点为穿过 4 个角的水平预应力筋由两端直线段及中间曲线段构成，中间曲线段的预应力筋布设位置必须加以保证，必要时此段位置预应力筋应加设池壁厚度方向的加强筋，确保预应力筋张拉的安全性（因为钢绞线设置曲率较大部分存在应力集中现象），施工时必须作为重中之重处理。肋板柱及预埋套管部分，也同样必须采取加强措施（图 3-20）。

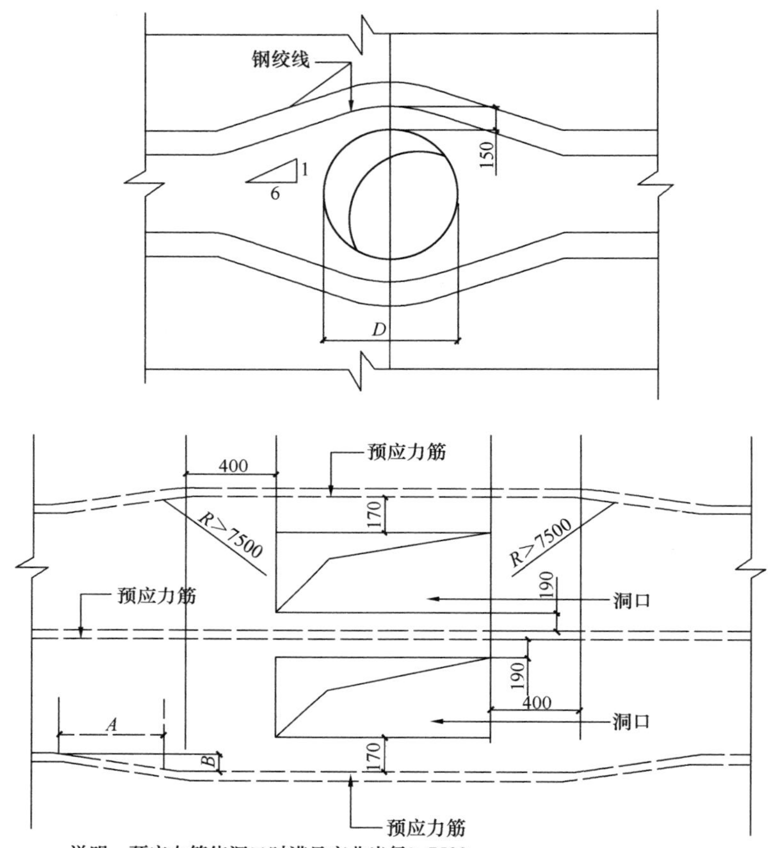

图 3-20　池壁洞口预应力筋绕行示意图

（4）池壁锚具槽安装、密封

锚具槽尺寸及定位如图 3-21 所示。

预应力钢筋位置示意图见图 3-22。

锚具槽模板安装在预应力定位后安装尺寸严格控制。锚具槽模板安装牢固。锚具槽周边采取隔离和密封措施，便于拆模并防止混凝土进入盒内。混凝土浇筑完成后将锚具槽模板拆除。

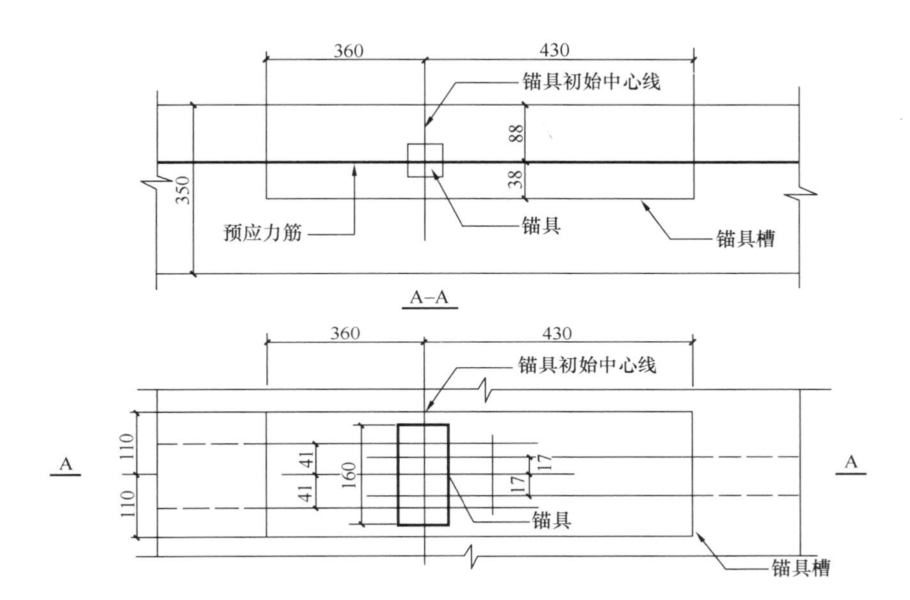

图 3-21　锚具槽尺寸及定位图

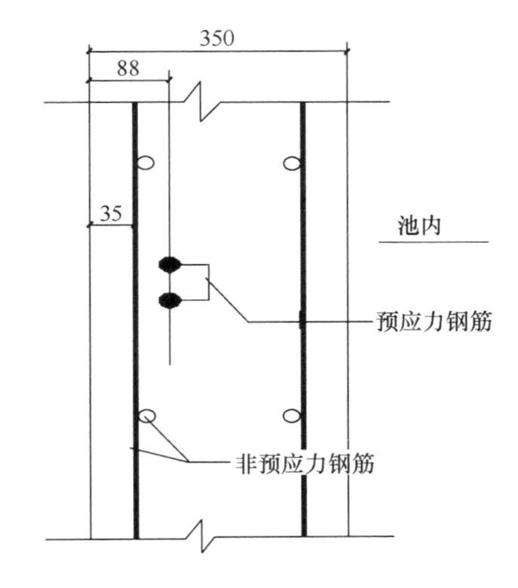

图 3-22　预应力钢筋位置图

（5）隐蔽验收

无粘结预应力筋铺设完毕后，必须严格按照设计图纸及相应施工规范进行隐蔽验收，改正施工中存在的偏差，当经确认合格后方能浇筑混凝土。

3.3.9 无粘结预应力筋的张拉

（1）张拉要求及顺序

无粘结预应力钢绞线张拉时，以控制张拉力（或应力）为主，钢绞线的伸长值仅作参考。

池壁水平预应力筋分两次张拉。张拉时池壁必须设置适当的临时支撑以防止池壁倾倒。当浇筑的混凝土强度达到设计强度的35%～60%时，进行池壁水平方向预应力钢绞线第一次张拉，可两端同时进行张拉或一端张拉一端补足，张拉时应去除模板对池壁的约束。每根无粘结预应力筋的控制张拉力是90kN（钢绞线面积为139.9mm^2）。

当混凝土强度达到设计强度的85%以上时再进行池壁水平方向的第二次张拉。水平方向的每根无粘结预应力筋的张拉控制力均为195kN，可两端同时张拉，或一端张拉一端补足。

池壁竖向无粘结预应力筋的张拉起点应从池壁第一个扶壁柱开始，逐一进行。在套管、孔洞两侧应对称进行。池壁水平方向无粘结预应力筋的张拉从池壁底部开始，向上间隔进行张拉，即张拉顺序为池壁底部的第一排，向上第三排，向上第五排……至顶部，然后再从底部进行第二排，向上第四排……依次进行。

（2）张拉设备检验、标定

无粘结预应力筋张拉机具及仪表，应由专人使用和管理，并定期维护和校验。张拉设备应配套校验。压力表的精度不应低于±1.5级；校验张拉设备用的试验机或测力计精度为±2%；校验时千斤顶活塞的运行方向，应与实际张拉工作状态一致。张拉设备的校验期限，不应超过半年。当张拉设备出现反常现象时或在千斤顶检修后，应重新校验。

（3）试压混凝土试块

根据施工经验，推测混凝土强度达到张拉要求的时间，并据此提前做好混凝土试块的试压工作，以试验数据为依据，确定张拉的时间。

（4）张拉预应力筋

结构混凝土强度达到设计或规范要求后，即可按设计给定的张拉顺序和张拉应力，依次进行张拉。张拉前，必须确保所有阻碍混凝土自由收缩的构件完全与预张的预应力构件分割开，避免对混凝土自由收缩的负面影响。

1）张拉分两次进行，当浇筑的混凝土强度达到12.5～16.0MPa时，进行池壁水平方向的第一次张拉，且应两端同时进行张拉。

2）当混凝土强度达到设计强度的80%以上时，先进行竖向预应力筋的张拉，然后再进行池壁水平方向的第二次张拉。水平、竖向的每根无粘结预应力筋均以张拉控制力为主，且水平方向应两端同时张拉。

3）张拉应自下而上，向上间隔进行张拉。张拉顺序为池壁底部的第一排，向上第三排，向上第五排……至顶部，然后再从底部进行第二排，向上第四排……依次进行。

4）张拉程序如下：安装锚夹具→安装千斤顶→给油张拉→伸长值校核→持荷顶压→二次张拉→卸荷锚固→填写记录。

5）采用超张拉方法，其程序为：从零应力开始张拉到1.03倍预应力筋的张拉控制应力，即0～103%σ_{con}持荷2min后锚固。

6）无粘结预应力筋的张拉控制应力，应符合设计要求。

7）张拉力值的控制：采用应力控制方法张拉时，应校核无粘结预应力筋的伸长值，如实际伸长值大于计算伸长值10%或小于计算伸长值5%，应暂停张拉，查明原因并采取措施予以调整后，方可继续张拉。无粘结预应力筋的计算伸长值和实际伸长值可按相关标准计算。

3.3.10 预应力筋端头切割及锚具封堵

用砂轮锯将外漏预应力筋切断，剩余30～40mm，然后涂防锈漆，最后根据设计要求使用环氧砂浆密封处理。

3.4 超高独立式无粘结预应力池壁模板及支撑系统施工技术

城市污水处理厂中沉砂池、沉淀池、配水井等池体，池壁高度一般不高，池壁一般采用普通钢筋混凝土结构，池壁壁根一般在底板上直接生根，采用传统的墙体模板及支撑系统即可满足池壁模板支设要求；而往往像二沉池、生物池、氧化沟等池体，池壁高度相对较高，池壁一般采用无粘结预应力结构，为避免池壁预应力筋张拉时引起底板或池壁出现开裂现象，池壁壁根不能直接在底板上生根，且在池壁预应力筋二次张拉完之前，池壁与底板或其他部位之间不得有任何连接形成约束，使池壁相对独立。

与普通钢筋混凝土结构池体池壁相比，超高独立式无粘结预应力池壁在进行模板工程施工时，存在着以下难点：

（1）池壁壁根与底板之间如何实现相互独立，互不约束。

（2）池壁相对独立，如何进行模板定位、加固，如何防止池壁发生移位、倾斜等。

如何解决上述问题，成为本技术研究的目标。

通过采用不同的施工措施满足无粘结预应力池壁须在不同阶段相对独立的要求：通过采用钢管定位系统来确保池壁模板的平整度、垂直度及位置准确度；通过对池壁内外侧模板承受的主要侧向压力进行详细计算，以确定如何进行池壁模板及支撑系统的搭设。

（1）在底板与池壁交接处铺设4层0.18～0.20mm滑动塑料板作为滑动层，将底板与池壁完全分离，无任何连接，使池壁与底板之间相对独立；在池壁混凝土浇筑完至池壁预应力筋二次张拉完的期间内，须将约束池壁的对拉螺栓及其他约束构件松弛或拆除，以保证池壁预应力筋张拉顺利进行，使池壁相对独立。

（2）采用了单侧钢管定位系统，将定位钢管与模板体系和支撑系统连接成一个整体，确保了池壁模板的平整度、垂直度及位置准确度。

（3）池壁内外两侧钢管支撑系统均交圈封闭，并与模板体系连接牢固，池壁模板根部和顶部采用三脚架钢管支撑体系作为斜顶和斜拉作用，避免了池壁在混凝土浇筑时出现移位、倾斜等。

3.4.1 施工工艺流程

总体施工工艺流程，详见图 3-23。

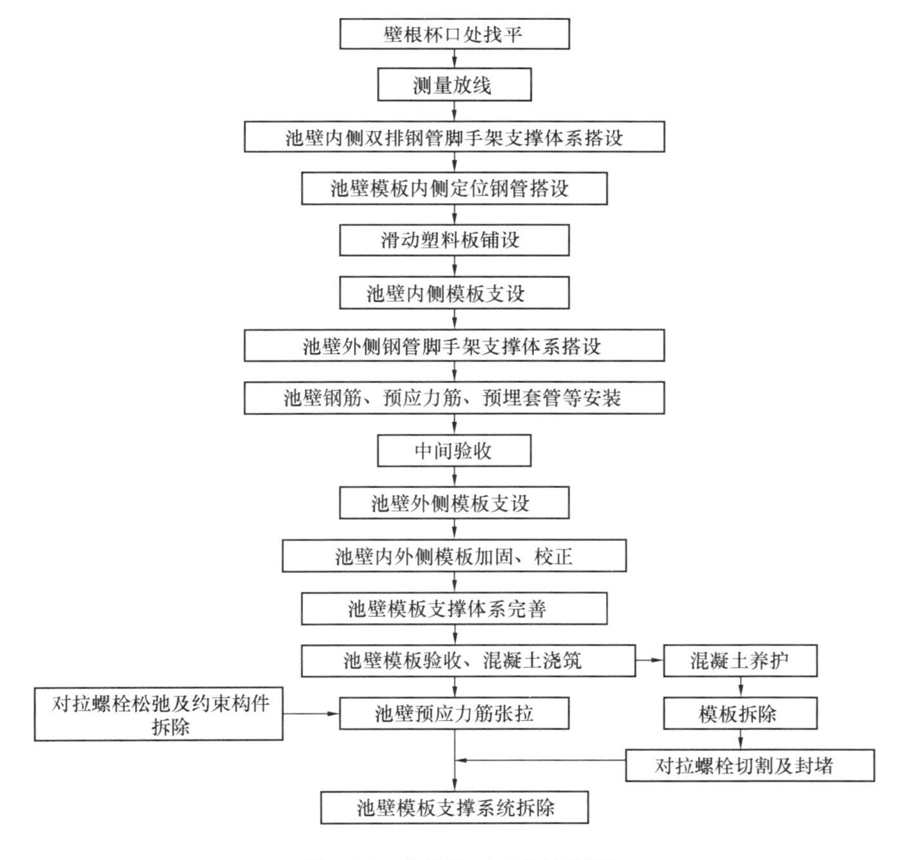

图 3-23 总体施工工艺流程图

3.4.2 壁根处理及测量放线

（1）池壁根部事先采用 15mm 厚水泥砂浆（与底板混凝土中水泥与砂子配比相同）进行抹压收光找平，须保证其平整度。

（2）根据设计及施工要求，在底板上放出池壁内外侧控制线及钢管支撑系统中立杆位置线，要求线位准确、清晰明了。

（3）壁根处铺设 4 层 0.18～0.20mm 厚聚乙烯塑料滑动板作为滑动层，滑动层须每边宽出池壁 50mm，错缝搭接，搭接宽度为 100mm，将底板与池壁事先完全隔离，详见图 3-24。

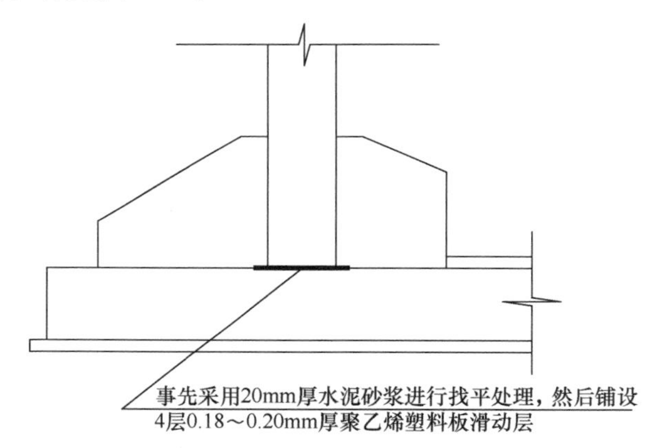

图 3-24 底板与池壁根部处理示意图

3.4.3 池壁模板定位系统

（1）池壁内侧双排钢管脚手架

1）立杆纵向间距为 1500mm，横向间距为 1500mm，大横杆间距（步距）为 1800mm，距地面 200mm 高处设置一道扫地杆。

2）池壁内侧双排钢管脚手架要求交圈封闭，形成一个整体，使得架体不会来回晃动或移动。

（2）定位钢管安装

1）沿池壁高度方向设置 3 道定位通长钢管，第一道定位钢管位于距地面

100mm 处，第二道定位钢管位于 1/2 池壁处，第三道定位钢管距池壁顶部 500mm 处，3 道定位钢管均与钢管脚手架之间采用小横杆连接。

2）定位钢管中心距池壁内边缘距离 L 等于模板厚度＋木方厚度＋1/2 钢管外径，例如：模板厚度为 15mm，木方厚度为 80mm，钢管外径为 48mm，那么 $L=15+80+48\div2=119$mm。

3）根据计算值将定位钢管固定在小横杆上，吊垂直线校正定位钢管垂直度，3 道定位钢管须同心垂直，采用经纬仪检验定位钢管的平整度，3 道定位钢管须在同一平面内。

4）若池体为圆形或池壁转角处为圆弧形时，其定位钢管须大型加工厂按照要求加工成圆弧状，以满足要求。

5）定位钢管安装完毕后，须按照先固定木方再固定模板、水平钢管、竖向钢管及对拉螺栓等的顺序逐一进行模板体系支设。

6）池壁模板定位系统具体做法详见图 3-25。

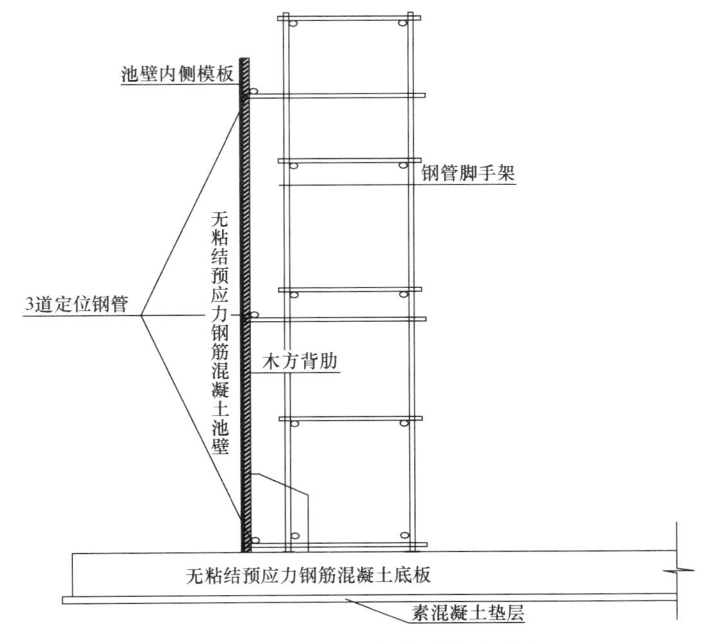

图 3-25　池壁模板定位系统示意图

3.4.4 池壁模板体系

（1）模板体系设计参数

池壁内外侧模板主要承受侧向压力，侧向压力主要考虑如下因素：①混凝土振捣时产生的荷载（水平面和侧压面垂直荷载）；②新浇筑混凝土对模板侧面产生的压力；③倾倒混凝土时产生的荷载。

池壁为清水混凝土墙，为达到其效果，满足模板刚度，要求模板采用 σ 为 15mm 厚的九夹板，主肋采用 50mm×80mm 的木方，大背肋采用 ϕ48×3.5mm 的钢管，内外墙模板设置 ϕ14 圆钢制作的带止水片对拉螺栓。

（2）池壁模板支设

1）木方主肋间距为 200mm（净距为 150mm），木方主肋背面的水平向钢管大背肋间距为 450mm，竖向双钢管大背肋间距为 450mm，对拉螺栓间距为 450mm。

2）对拉螺栓加工详见图 3-26。

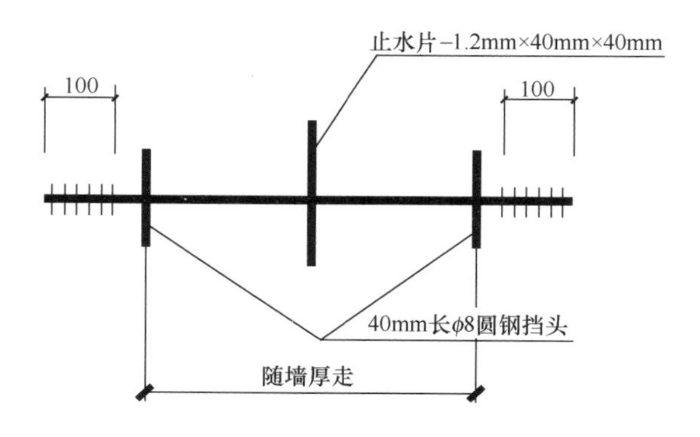

图 3-26　对拉螺栓加工图

3）池壁模板体系支设详见图 3-27。

4）按照内侧模板安装→穿对拉螺栓→外侧模板安装→加固校正的施工顺序进行池壁模板支设，模板之间接缝严密，及时清净池壁根部的杂物。

5）安装对拉螺栓时，不得破坏池壁钢筋、预应力筋等，对拉螺栓两端钢

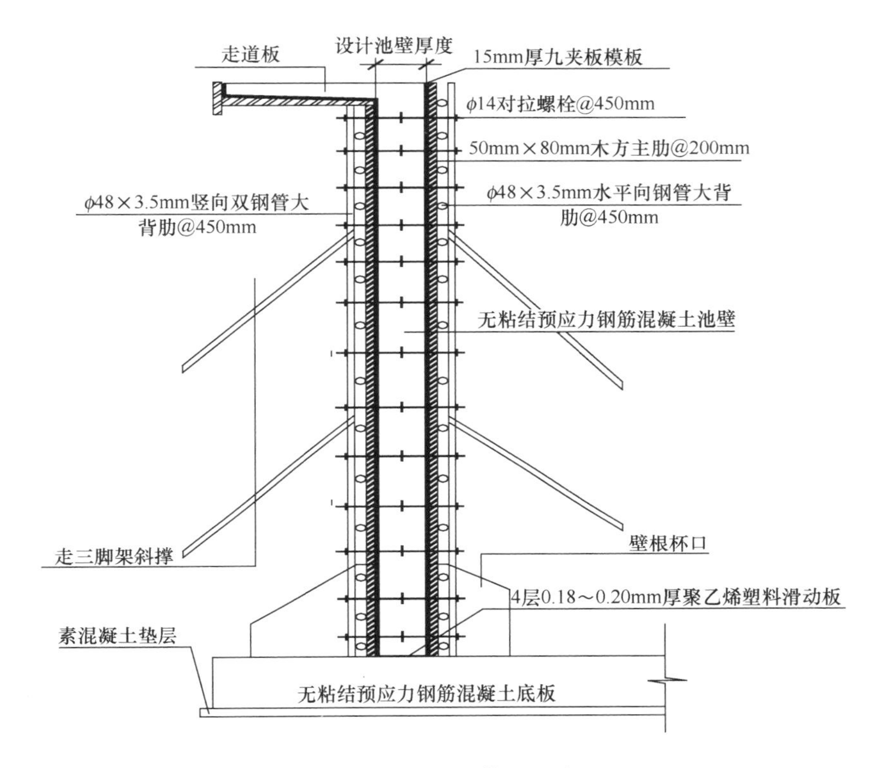

图 3-27　池壁模板体系示意图

筋挡头与池壁内外侧模板之间放置 50mm×50mm×15mm 木垫块，作为模板限位片。

6）对拉螺栓加固应内外两侧同时对称加固，沿池壁方向从下向上加固拧紧。

7）模板垂直度、平整度控制：模板在支设过程中，每支设一层模板高度，采用线坠进行校正，待模板支设到设计高度后，再采用线坠进行整体校正模板垂直度后整体加固，且边加固边校正，采用靠尺复测池壁模板平整度，采用经纬仪复测池壁模板上口水平度，采用全站仪复测池壁模板位置、标高，以满足设计及规范要求。

8）池壁模板根部采用 1∶2 水泥砂浆进行根部封堵，防止漏浆。

3.4.5 池壁模板支撑系统

（1）池壁外侧钢管脚手架。

1）池壁外侧钢管脚手架：立杆纵向间距为 1500mm，横向间距为 900mm，大横杆间距（步距）为 1800mm，距地面 200mm 高处设置一道扫地杆。

2）池壁外侧钢管脚手架要求交圈封闭，形成一个整体，使得架体不会晃动或移动。

（2）三脚架支撑。

1）为了避免池壁模板体系出现移位、倾斜，池壁内外两侧均设置 2 道三脚架斜撑，上、下斜撑均作为模板体系的支撑构件，第一道三脚架斜撑位于池壁 1/3 处，第二道三脚架斜撑位于池壁 2/3 处。

2）池壁内侧三脚架斜撑作用在与底板上预埋地锚连接的水平钢管上，外侧三脚架斜撑作用在基坑边坡上（端部铺设木跳板作为支撑面，从而加大作用点面积）。

3）三脚架斜撑与地面形成的 α、β 角易控制在 45°～60°之间。

4）三脚架斜撑钢管、水平钢管分别与模板体系中竖向大背肋钢管之间采用扣件连接形成固定三脚体系，上、下 2 道三脚架斜撑须保持在同一平面内，其间距为 3000mm。

5）因三脚架斜撑杆件较长，因此要求沿斜撑斜杆斜长方向均匀设置 2 道通长的水平钢管和竖向钢管并采用扣件连接形成一个整体。

（3）池壁模板体系和支撑系统须连接成一个整体，以保证池壁模板及支撑系统的刚度和稳定性。

（4）严格按照要求进行脚手架、安全防护及施工马道等的搭设和拆除，须保证脚手架的整体性、安全性和可靠性，且定期对其进行安全检查。

（5）操作平台：施工操作平台应按照要求满铺木跳板，木跳板与脚手架杆件之间采用 12 号钢丝进行绑扎连接，并按照要求对木跳板进行搭接，以保证其安全可靠并满足施工要求。

（6）池壁模板支撑系统搭设详见图 3-28。

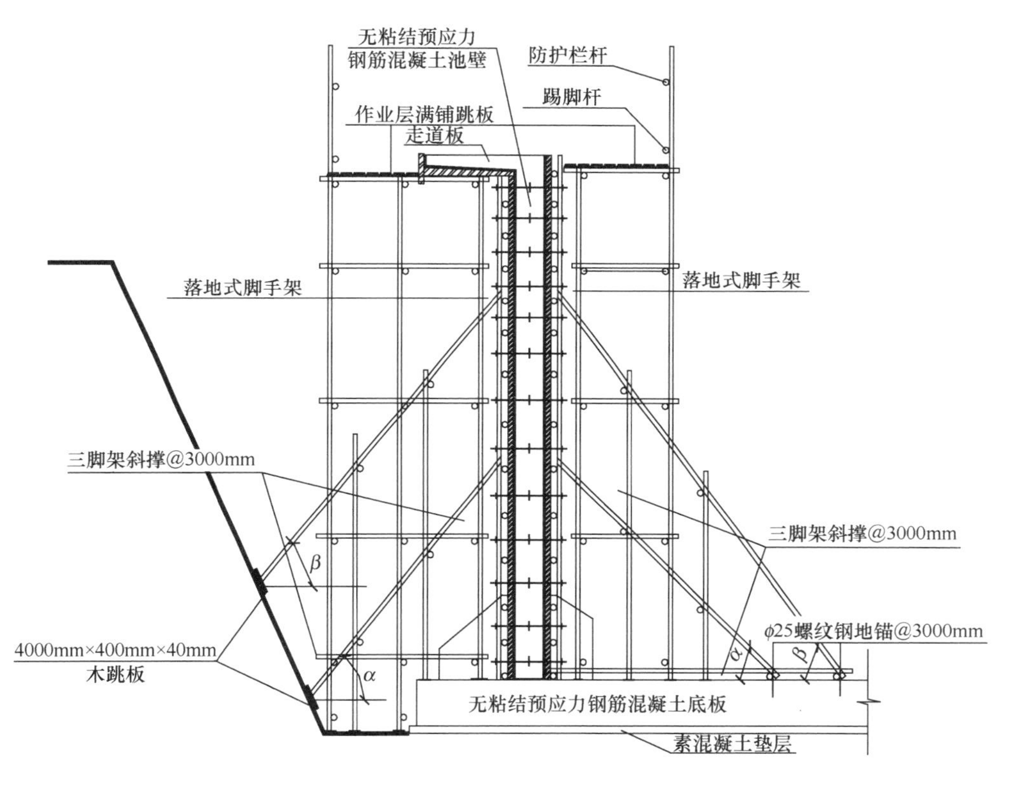

图 3-28 池壁模板支撑系统示意图

3.4.6 预埋管道处理

池壁及回流渠上的穿墙管道，加设止水环，并应将其牢固地固定在模板上或焊在主筋上，同时加强该处局部模板的支撑，以保证其标高及位置的正确。

3.4.7 模板拆除

混凝土浇筑完成，达到一定强度后即可拆除模板，以加快模板的周转，但拆模时间不可过早，以防混凝土结构损坏、变形或混凝土表面出现裂缝。

（1）池壁预应力筋第一次张拉之前，及时松弛对拉螺栓及拆除相关的约束构件，使池壁相对独立。

（2）对非预应力结构构件不承重的侧面模板，应在混凝土强度能保证其表面及棱角不因拆模而受损后方可拆除，一般须达到 2.5MPa 的抗压强度。

（3）对于池壁内外侧模板，不论任何季节，拆模时间都应保持在 7d 以上，且须确定池壁表面不会因拆模而导致表面出现裂缝，方可拆除模板。

（4）对于承重模板，如走道板等，拆模时混凝土须达到 75%以上的强度。

（5）池壁模板拆除后，先将对拉螺栓垫块剔除，再将对拉螺栓钢筋切除，然后涂胶粘剂，最后用环氧砂浆密封。

3.5 顶管施工技术

顶管法施工技术在下水道、电气管道、煤气管道、运输管道以及污水排放管道中都有很广泛的应用。作为非开槽施工技术中一种重要的施工技术，顶管法施工能将施工作业对环境的影响降至最小。

如今，作为一项新兴技术，顶管法施工的发展几乎呈指数增长。其服务面涉及自来水管道、供暖管道、污水管道、输油管道、农业灌溉管道、民用煤气管道、地下通风管道、利用地温进行空调的管道、土壤污水治理的抽吸管道、垃圾场改造污水收集管道、疏干降水工程用管道、动力线缆保护管道、集束通信光缆、有线电视线路和多媒体宽频光纤网以及隧道开挖时的管棚施工等。

对地下顶管施工的管网地区，应确保“四无”：即地面无塌陷、交通无阻碍、建筑物无开裂和地面无顶管渗透的污水集聚。同时，应做到“四不”：即顶进软土不坍塌、穿越流砂不涌流、顶进障碍不歪头和管网连接不渗漏。

顶管工程涉及工艺与环境方方面面的问题，从理论探讨提升其施工工艺技术的科学合理性，并加强重点的监测报警技术，以合理组织施工，有条不紊地实现曲线式地下管网的不断顶进衔接，确保特大型地下顶管系统工程按期优质地完成施工任务。同时，实现城市建设地上地下有机结合的可持续发展机制形成；避免在大面积长距离地下管线施工中的大挖大填作业，减少单位间的各种矛盾，消除各行业间的扯皮纠纷，加快建设周期，以获取更大的社会经济效益。

3.5.1 顶管施工方法的分类

顶管施工的分类有很多方法，一般按以下几种情况来进行分类：

（1）按所顶管的管径大小来分

ϕ800mm 以下的管子称为小口径顶管，人只能在管内爬行。ϕ800mm～ϕ1800mm 范围内称为中口径顶管，ϕ1800mm 以上的管子称为大口径顶管，人能在这样口径的管道中站立和自由行走，最大口径可达 ϕ5000mm，比小型盾构还大。这里管子直径都是指管子的净内径。

（2）按推进管前的工具管的作业形式不同来分

推进管前只有一个钢制的带刃口或大（小）刀盘的管子，通常由两段组成，具有挖土保护和纠偏功能被称为工具管。工具管内的土通过人工来挖除的方式称为手掘式。如果工具管内的土是被挤进来再作处理被称为挤压式。如果在推进管前的钢制壳体内有机械则称为机械顶管。

这种方式的顶管机，一般在工具管前端有一掘进机。按掘进机的种类又可把机械顶管分成泥水式、泥浆式、土压式和岩石掘进机。一般情况下，这种机械式顶管中泥水加压平衡式与土压平衡式使用得最为普遍。

（3）按作为衬砌的管节材料来分

根据使用的管节材料可分为钢筋混凝土顶管和钢管顶管以及其他管材的顶管，其中以钢筋混凝土顶管最为普遍。

（4）按顶管前进的运行轨迹来分

分为直线顶管与曲线顶管。

（5）按工作井和接收井之间距离的长短来分

百米以下的顶管称之为普通顶管，百米以上的顶管称之为长距离顶管，此时应考虑采用中继环接力技术及注浆减摩方法。

3.5.2 基本原理

对于大型污水管网顶管施工，穿越软土地层施工时都要求对周围环境产生尽量小的影响，但有时是相当困难的。特别是在土层较差、覆土厚度较小、管径较大、管网交错、地面建筑物较多及对地面沉降要求较高的情况下，如何顺利施工，不对环境造成危害至关重要。因此，必须了解顶管施工过程及土体作用机理，根据实际情况采取相应的施工对策，施工后对环境没有明显的危害，则顶管施工就是成功的。

顶管法施工过程：先在管道设计路线上施工一定数量的小基坑作为顶管工作井（大多采用沉井），作为一段顶管的起点与终点。工作井的一面或两面侧壁设有圆孔作为预制管节的出口或入口。顶管出口孔壁对面侧墙为承压壁，其上安装液压千斤顶和承压垫板。千斤顶将装有切口和支护开挖装置的工具管顶出工作井出口孔壁，然后以工具管为先导，将预制管节按设计轴线逐节顶入土层中，直至工具管后第一段管节的前端进入下一工作井的进口孔壁，这样就施工完一段管道，继续上一施工过程，则连接各工作井之间的一条管线就施工完毕。将各工作井之间的顶管线连成网络整体，就组成了大型顶管工程。

对于长距离顶管，由于主油缸的顶力不足以克服管壁四周的土体摩阻力和迎面阻力，常将管道分段，在每段之间设置由一些中继油缸组成的移动式顶推站即中继环，且在管壁四周加注减摩剂以进行长距离管道的顶推，形成顶管工程的中继接力赛，以实现贯通顶进。

3.5.3 施工关键技术

由于污水收集管线涉及的面积大，呈叶脉式顶管管径大小不一致，在顶进线路上的土体又多为淤泥质土，属于很软弱的土体，顶进中很容易出现管线在穿越极软弱土层处出现局部失稳。另外，当管线从软弱土层进入砂质土层时，因正面阻力增加，工具管顶进导致砂层扰动可能会发生流砂现象。

顶管工程尤其是长距离顶管的主要技术关键为：

（1）方向控制

要有成套能准确控制管道顶进方向的导向机构。管道能否按设计轴线顶进，是长距离顶管成败的关键因素之一。顶进方向失去控制会导致管道弯曲，顶力急骤增加，工程也无法正常进行。高精度的方向控制也是保证中继环正常工作的必要条件。

（2）顶力问题

顶管的顶推力是随着顶进长度的增加而增大的，但因受到顶推力和管道强度的限制，顶推力不能无限增大。所以，仅采用管尾推进方式，管道顶进距离必受限制。一般采用中继环接力技术加以解决。另外，顶力的偏心度控制也相当关键，能否保证顶进中顶推合力的方向与管道轴线方向一致是控制管道轴线方向的关键所在。

（3）工具管掘进面土体的稳定问题

在开挖和掘进过程中，尽量使正面掘进土体保持和接近原始应力状态，是防坍塌、防涌水和确保正面土体稳定的关键。正面土体失稳会导致管道受力情况急剧变化、顶进方向失去控制。如掘进土层中大量迅速涌水将会带来不可估量的损失。

（4）承压壁的后靠结构及土体的稳定问题

顶管工作井一般采用沉井结构或钢板桩支护结构，除需验算结构的强度和刚度外，还应确保后靠土体的稳定性，可以采用注浆和增加后靠土体地面超载等方式限制后靠土体的滑动。若后靠土体产生滑动，不仅会引起地面较大的位移，严重影响周围环境，而且还会影响顶管的正常施工操作，导致顶管顶进方向失去控制。

3.5.4 顶管出洞

顶管施工最后一道工序是顶管出洞，它对大口径顶管施工的成败起关键作用。顶管出洞，是指在工作井安放就位的掘进机和第一管节从井中破封门进入土中的阶段。要使顶管出洞工作成功应做好以下几方面工作：

（1）管线放线

顶管放线是保证顶管轴线正确的关键。放线准确就能保证顶管机按设计要求顺利进洞，满足施工质量要求；反之，就可能造成顶管轴线偏差，影响工程进度和工程质量，同时也会造成顶进时的设备损坏，使顶管施工停顿。

顶管管线放线，就是将工作井出洞口和接收井进洞口的坐标轴线正确引入工作井内，指导顶管顶进的方向和距离。

从理论上讲，工作井和接收井的坐标和标高在沉井下沉时都已明确，通过计算很容易确定。然而，由于沉井下沉时的误差，从理论计算放出的定位线就不一定符合实际情况。顶管管线的放线常常是根据工作和接收井的实际位置，按设计要求，通过实际测量放出管线位置。

（2）后座墙附加层制作

后座墙附加层制作是保证顶管正常顶进的一项关键技术措施。对矩形工作井中直角出洞口的顶管，直接将工作井壁当后座墙可不必再做附加层，只靠井壁位置放置后靠背铁即可；而对矩形工作井折线出洞口或圆形工作井的顶管，必须先浇筑混凝土附加层与井壁共同受力作为后座墙。后座墙加层与顶进轴线成直角，待其混凝土达到 75％以上强度后方可进行顶管的顶进工作，否则，就可能造成顶管顶进过程中出现各种意想不到的事故，直接影响顶管顶进。

（3）导轨铺设

基坑导轨是安装在工作井内为管子出洞提供一个基准的设备。导轨要求具备坚固、挺直，管子压上去不变形等特性。

基坑导轨铺设应注意管线轴线、导轨标高和导轨支撑稳定性几个方面的问题，铺设必须坚固可靠。

（4）洞口止水

顶管工程中，为使管子顺利从工作井内出洞，一般采取工作井预留洞口比管节外径略大些（一般大 100mm）的方式，顶进时此间隙需采取有效措施进行封闭，否则地下水和泥沙就会从该间隙流到工作井内，造成洞口中部地表的塌陷，甚至会造成事故，殃及周围的建筑物和地下管线的安全使用。因此，顶管施工过程中的洞口止水是一个不容忽视的环节，必须认真、细致地做好此项工作。

一般的洞口止水方法是在沉井制作时，在洞口预埋一个 10mm 厚钢法兰，在钢法兰上焊接螺栓，安装 16mm 厚橡胶法兰，用 10mm 厚钢压板紧，如图 3-29所示。

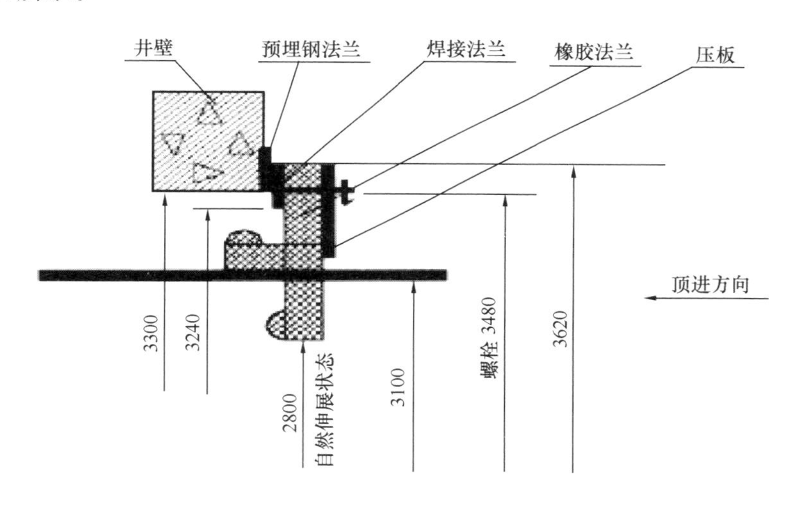

图 3-29 顶管洞口止水连接构造

（5）穿墙

从打开封门，将掘进机顶出工作井外，这一过程称为穿墙。穿墙是顶管施工中的一道重要工序，因为穿墙后掘进机方向的准确与否将会给以后管道的方向控制和井内管节的拼装带来影响。穿墙时，首先要防止井外的泥水大量涌入井内，严防塌方和流砂；其次，要使管道不偏离轴线，保证顶进方向的准确。

防止井外泥水涌入井内的措施：在沉井下沉时首先应在洞口处砌挡土墙，同时在井壁外侧预埋钢板桩随同工作井一起下沉，如图 3-30 所示。

顶管出洞是制约顶管顶进的关键工序，一旦顶管出洞技术措施采取不当，就有可能造成顶管在顶进过程中停顿。而顶管在顶进途中的停顿将会引起一系

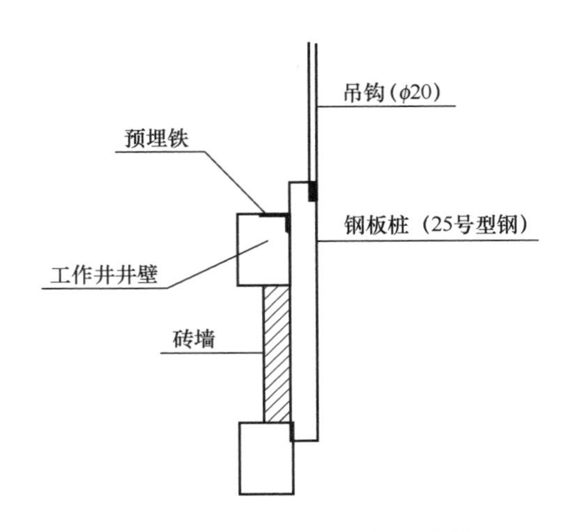

图 3-30 工作井壁与钢板桩连接构造

列不良后果，如顶力增大及设备损坏等，会严重影响顶管顶进的速度和质量，甚至造成顶管失败。因此，顶管出洞工作应做好上述工作，为顶管施工的成功打好基础。

3.5.5 应用程序

顶管法施工一般在饱和软土地区进行，多在既有道路之下，毗邻各种地下管线，还需穿越防洪墙、铁路、江堤、建筑物基础和交通干线等，为减小顶管施工对周围环境的影响，在施工前须做好以下几方面工作：

（1）地质条件与周围环境的调查工作

地质勘探与环境调查应满足以下基本要求：

1）提供土层分类、分布的地质纵剖面图以及必需数量的勘探点位地质柱状图；

2）提供足够的供地基稳定及变形计算分析的土性参数及现场测试资料；

3）提供各层土的透水性、与附近大水体连通的透水层分布、各砂性土层承压水压力和渗透系数、地下贮水层水流速度以及地下水位升降变化等水文地质资料；

4）提供地基承载力和地基加固等方面的地质勘探及土工试验资料；

5）提供各种类型的地上及地下建筑物、构筑物、地下管线、地下障碍物以及其使用状况及变形控制要求等方面的调查资料，然后对采用顶管法施工引起的地层位移及周围环境的影响程度做出充分估算。

（2）顶管机头选型

根据上述地质勘探和环境调查资料，结合本地区的顶管施工经验，合理选择顶管机头是保证顶管顺利施工的关键。另外，应详细分析顶管机头所穿越土层的土壤参数。

（3）工作井设置

顶管施工常需设置两种形式的工作井：一种是供顶管机头安装和出坑用的顶进工作井（顶进井）；另一种是供机头进坑和拆卸用的接收工作井（接收井）。

工作井的平面位置应符合设计管位要求，尽量避让地下管线，减小施工扰动后的影响。工作井与周围建筑物及地下管线的最小平面距离应根据现场地质条件及工作井施工方法而定。采用钢板桩或沉井法施工的工作井，其地面影响范围一般按井深的 1.5 倍计算，在此范围内的建筑物和管线等应采取必要的技术措施加以保护。

（4）顶管顶力计算及其承压壁后靠土体稳定验算

顶管顶力最主要是为了克服顶管管壁与土的摩擦力而把管节顶推入土体中。因此，首先计算顶管管壁外周摩阻力。对于不同的工作方式如注浆与不注浆、钢筋混凝土管与钢管和不同的工具管等，其计算方法都不同，应视具体情况而定。

3.5.6 施工质量检查

顶管施工质量的重要检验指标是管轴线偏差。偏差小，摩阻力小，顶力小。顶力小，混凝土管道开裂的可能性小，施工的质量就好。根据排水管的使用要求，管轴线要顺直、无反坡、不积水，也就是要求管轴线在任何地方，偏差都要小。所以，顶管管节施工的允许偏差，主要是控制管轴线的偏差。

管轴线的允许偏差，应针对不同顶进距离有所区别，距离越长，允许偏差应该越大，这是顶管的测量精度所致。因为顶管的定向误差随着距离的增加而增大，而且是无法避免的。

顶管施工的指向误差一般在 8～10mm，在计算管道允许偏差时以两倍中误差计算，按 20mm 考虑。

另外，因为钢管顶管纠偏难度较大，故混凝土顶管与钢管顶管的允许偏差应有所区别；又因为标高测量精度远远高于定向测量精度，标高与方向的允许误差也应有所区别。管道轴线的允许偏差见表 3-1。

管道轴线的允许偏差表　　表 3-1

顶进长度（m）	管径（mm）	偏差（mm）			
		钢管		混凝土管	
		上、下	左、右	上、下	左、右
<400	<1500	±60	100	30～40	50
	≥1500	180	130	40～50	50
400～1000		±100	200	50～60	150
>1000		±150	100+L/2	60～70	50+L/2

注：L 为顶进距离。

3.5.7　注意事项

本技术集中介绍曲线状大型顶管工程施工的整个过程。因为顶管在软土、流砂等土质较差条件下施工时，对土体的扰动较大，当面对周围苛刻环境的情况下，需从整个工作流程入手，并从施工工艺和方法上全面采取相应的施工对策，辅以施工监测手段，贯彻“信息施工”原则，加强防范措施，减小对周围环境的影响。

由于大型交错管网施工环境复杂，在单个方向顶进时，其顶进施工的成功掘进也受到很多因素的影响和制约，因此，必须抓好顶管施工中的几个关键技术问题：①方向控制；②顶力控制问题；③工具管开挖掘进面的稳定；④承压壁的后靠结构及土体的稳定问题等。这些都是保证顶管施工成功的关键所在。

另外，顶管施工的最后一道工序穿墙出洞也是相当重要的。做好穿墙出洞工作应抓好以下几个方面：①管线放线；②后座墙附加层制作；③导轨铺设；④洞口止水和穿墙。

大型管网地下顶管环保型施工应用，关键是减小对周围环境的影响，为此，在施工前须做好以下工作：①地质条件与地上地下设施的环境调查工作；②顶管机头选型；③顶管工作井设置；④顶管顶力计算及其承压壁后靠土体稳定验算等。

施工完成后，为检验与评价顶管施工质量的好坏，还需要对整个管路进行质量与位置的检查。

3.6 污水环境下混凝土防腐施工技术

污水处理工艺常用在反应池内营造厌氧、好氧、缺氧环境，利用微生物繁殖产生的活性污泥降解水中污染物，达到净化水质目的。经相关研究表明，微生物的代谢使污水成为复杂的介质体系，许多代谢产物都对混凝土具有潜在的腐蚀作用。

城市污水成分复杂，往往含有大量的酸、碱、盐，pH 值变化范围大，混凝土自身呈碱性，与污水直接接触部位及受水汽影响部位均面临着化学腐蚀。

污水在处理厂内为流动水体，前期含大量砂石、悬浮物等固体颗粒，在污水处理设备运转作用下，对混凝土结构面冲刷较为严重。

同时污水处理厂内部存在较多狭小、狭长渠道，对防腐施工安全、施工效率均提出较高要求。

污水处理厂主箱体为钢筋混凝土水池结构，防腐施工面临以下几点困难：

（1）污水中存在较多固体颗粒，在水流及设备作用下对防腐面冲刷严重。

（2）主箱体内存在较多狭小封闭空间，防腐材料应选择环保、无毒、无刺激性气味材料。

（3）设计使用年限50年，混凝土自身应具备较高抗渗、抗腐蚀性能。

（4）防腐工作量大，与污水直接接触及受污水水汽影响部位均需要进行防腐处理。

本技术以“新材料、新工艺、新技术、新设备”为技术突破点，结合工程实际和现有设备工艺，创新采用聚脲弹性体机械喷涂层与手工聚脲涂刷相结合的混凝土结构防腐施工技术。污水处理厂内较多狭长渠道等有限空间无法采用聚脲喷涂设备进行防腐施工，常温下采用机械喷涂聚脲1∶1的配比混合聚脲A、B组分后，混合料在搅拌完成前已固化，本项技术通过多次现场试验，在实践中对手工聚脲在常温下的配比和防腐性能进行探索和研究，确保无法机械喷涂的渠道等狭长有限空间内手工聚脲涂刷的防腐效果。

3.6.1 工艺流程

聚脲弹性体喷涂（涂刷）层通过环氧专用腻子封闭混凝土表面空洞，再由封闭底漆封闭腻子层表面，最后喷涂（涂刷）聚脲面漆，形成一个完整的弹性封闭层，能够有效保护污水环境中的混凝土结构。

基层清理→环氧腻子1道→涂刷封闭底漆1道→喷涂（涂刷）聚脲面层。

3.6.2 技术指标

污水环境下混凝土防腐施工技术指标见表3-2。

污水环境下混凝土防腐施工技术指标 **表3-2**

工艺	配比	与污水直接接触部位涂层厚度	受水汽影响部位涂层厚度	表干时间	混合条件
机械喷涂	1∶1	500μm	300μm	＜10s	高温
手工涂刷	3∶7	2mm	2mm	＞45s	常温

3.6.3 运用范围

与污水直接接触及受污水水汽影响的混凝土构件。

3.6.4 控制要点

（1）基层清理：阴阳角部位及模板拼缝位置重点打磨。

（2）满刮环氧腻子：环氧腻子主要作用为找平及封闭混凝土表面气孔，采用聚脲施工专用腻子（图 3-31）。

图 3-31 环氧专用腻子封闭层施工

（3）涂刷底漆：底漆主要起封闭作用，封闭腻子层表面微小空洞（图 3-32）。

（4）喷涂（涂刷）面漆：机械喷涂面漆采用聚脲喷涂专用设备，一遍成型，与污水直接接触构件喷涂厚度为 500μm，受污水水汽影响构件喷涂厚度为 300μm（图 3-33）。

手工涂刷和机械喷涂厚度分别为 2mm、2mm（图 3-34、图 3-35）。

图 3-32　封闭底漆施工

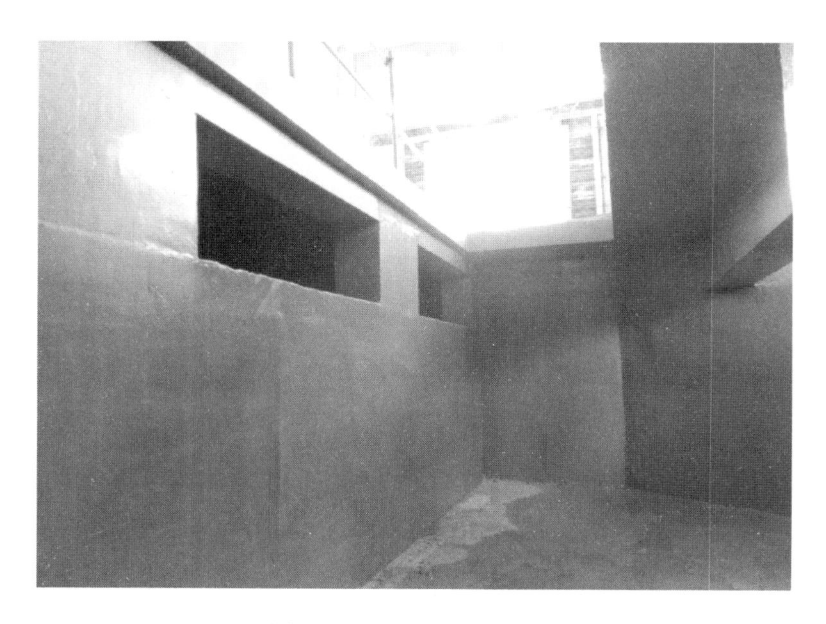

图 3-33　面漆喷涂成型效果

图 3-34 手工涂刷效果

图 3-35 机械喷涂效果

（5）机械喷涂聚脲A、B组分按照1∶1的配比，在喷涂设备内高温环境下自动拌合，正式喷涂前先喷涂1块50mm×50mm×500μm的样片，待现场检验合格后进行大面积喷涂，喷涂时喷枪距离喷涂面10～20cm，匀速均匀喷涂，确保一次成型。

（6）手工聚脲A、B组分配比为3∶7，常温下按混合比例分装在两个包装中。将A组分全部倒入装有B组分的桶中。使用机械的搅拌器低速搅拌（约300转/min）至少3min。

（7）注意搅拌边缘和底部的涂料以保证混料均匀。为避免产生气泡，搅拌器叶片应始终保持在涂料液面以下，只能用原装桶进行混料。

（8）将已经搅拌均匀的A和B的混合料倒入新桶中，再搅拌1min，然后进行聚脲手工涂刷。

3.7 超长超高剪力墙钢筋保护层厚度控制技术

当墙体模板安装面越大时，采用常规垫块及水泥撑进行保护层厚度控制越困难，主要原因如下：

（1）垫块通常绑扎固定在钢筋骨架上，受钢筋加工精度影响，很难保证每个垫块都发挥作用，难以保证保护层整体厚度。

（2）高大墙体模板安装采用对拉螺杆紧固，垫块受力不均容易被压碎。

（3）垫块安装不平容易影响模板安装平整度。

本技术利用废旧钢筋加工成细长矩形箍筋形状，然后将垫块均匀绑扎在废旧钢筋上，现场安装时将废旧钢筋与钢筋骨架绑扎连接，有效地控制了钢筋保护层的整体厚度，同时减少了垫块的现场绑扎量，能有效提高施工效率。

在钢筋加工厂将废旧钢筋加工成细长矩形箍筋形状，并在废旧钢筋上均匀绑扎好砂浆垫块，砂浆垫块采用平放。超长、超高剪力墙钢筋安装时，将制作好的矩形钢筋与钢筋骨架绑扎连接，保证每个垫块都发挥作用且受力均匀，确保钢筋保护层厚度得到有效控制。

3.7.1 工艺流程

（1）利用直径为8～16mm废旧钢筋加工或简易搭接焊接制作成1000mm×300mm规格钢筋箍（图3-36）。

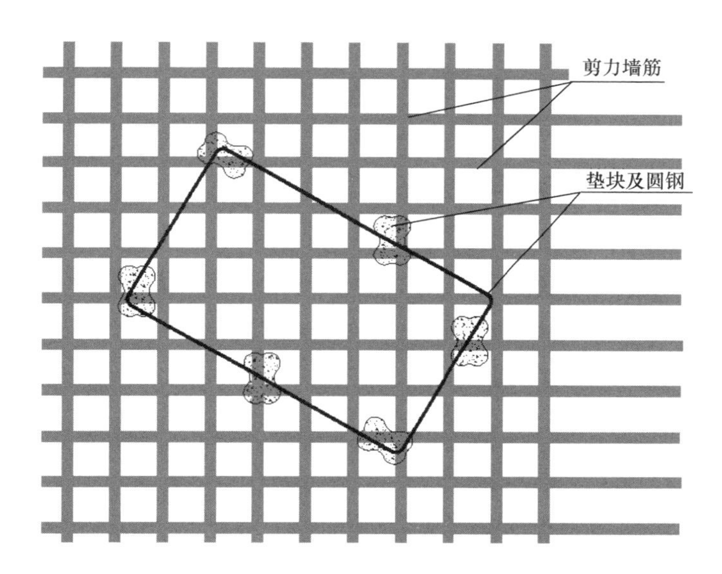

图3-36 矩形箍及垫块安装示意图

（2）在制作好的废旧钢筋箍一侧提前绑好砂浆垫块，砂浆垫块平放。

（3）现场钢筋绑扎时，将矩形废旧钢筋箍与钢筋骨架绑扎连接，垫块朝向模板一侧（图3-37）。

3.7.2 技术指标

废旧钢筋直径：8～16mm（可根据不同保护层厚度要求选择）。

细长矩形尺寸：1000mm×300mm。

垫块数量：8个。

图 3-37 保护层厚度控制效果

3.7.3 运用范围

超长、超高剪力墙钢筋保护层，也适用于高大截面梁底钢筋保护层厚度控制。

3.8 封闭空间内大方量梯形截面素混二次浇筑施工技术

常规梯形截面混凝土浇筑，混凝土斜面需要采用模板进行封闭，仅保留混凝土浇筑口，本工程二次浇筑部位位于地下一层近似封闭的空间内，进行大方量混凝土浇筑施工困难，且施工速度较慢。

本技术通过将梯形素混结构转变为钢筋混凝土支座加钢筋混凝土斜面板的薄壁空心结构形式，在满足结构稳定性及设备运转需要的前提下，大大减少了混凝土浇筑量，节约了施工成本，提高了施工速度，确保设备安装不受土建进度制约。

3.8.1 工艺流程

（1）支座及斜面板与墙体连接部位植筋：

在底板上进行支座双排 $\phi14@200mm$ 钢筋植筋，支设支座模板，浇筑支座混凝土。支座植筋同时进行斜面板上端与剪力墙连接部位植筋（图 3-38）。

图 3-38 斜面板上端植筋

（2）砌筑斜面板梯形支座，每 2m 一道，采用砖砌 24 墙。

（3）安装斜面板底板及背楞，焊接斜面板钢筋网片（图 3-39）。

（4）进行斜面板混凝土浇筑。

图 3-39　斜面板底模板安装

3.8.2　技术指标

支座：混凝土厚度 20cm，强度等级 C20，钢筋规格 ϕ14@200mm（双排竖向植筋）。

斜面板：20cm 厚 C20 混凝土，ϕ6@200mm 钢筋网片（单层）。

3.8.3　运用范围

二沉池内部梯形截面素混结构二次浇筑，预处理段沉砂池素混二次浇筑。

3.9　有水管道新旧钢管接驳施工技术

随着工程建设领域科学技术的发展，钢管连接接头已经有了较为完善的技术，其中比较常见的为焊接、沟槽卡箍连接、法兰连接、丝接、承插口连接等。接头方式的选择需要考虑不同的施工环境及管径的大小、管道用途等多方面的因素。

对于大直径钢管的纵向连接及2根管道直角连接，焊接是目前较为常用的连接方式。焊接连接具有连接可靠，焊接质量检测方便，施工操作简便等优点。大直径钢管焊接根据焊接方法不同又可分为电弧焊、电阻焊、气焊、水下焊接等。

3.9.1 运用范围

本技术适用于原有管道内水无法排放或者排放成本较高工况下的新旧钢管管道90°连接。

本技术适用于管内有未处理污水条件下任意角度新旧钢管接驳施工。

3.9.2 技术特点

本技术依托工程实际总结出如下内容：首先进行新建排海管道与原有排海管道的焊接连接；其次停止原有排海管道排水工作，进行压力释放、在原有管道上开设人孔；然后利用水下切割特种作业人员经人孔进入原有排海管道内部对新建管道与原有管道连接部位管壁进行水下切割，实现新建排海管道与原有排海管道的贯通；最后，将原有管道连接部位的管壁切割碎片经人孔取出，利用盲板封闭原有管道人孔，完成新建排海管道与原有排海管道的接驳。主要有如下特点：

（1）首先进行新旧管道外部焊接连接，施工顺序不同于常规施工方法。

（2）保证原有管道内贮存污水不大量流向外界，避免了大量的外部协调工作和大量临时排水措施的投入。管内贮存水近海排放需要进行环境影响评价及专家论证，须经相关机构同意。

（3）大大缩短了接驳施工期间现状污水处理厂停止运行的时间。污水处理厂停止运行需要经过市水务局、环保局、市政府等相关部门审批。

（4）本技术施工速度快，在污水排量低峰时间段内即一次完成接驳。污水处理厂停止运行时间过长会导致污水外溢，污染环境。

（5）本技术施工安全有保证，符合文明施工及环境保护要求。

3.9.3 工艺原理

首先实现新旧管道的外部连接，其次通过进入原有管道内部进行管道连接部位管壁水下切割实现新旧管道内部贯通，最后封闭人孔，实现新旧管道带水连接。整个施工过程仅有少量管内水经人孔流出，新旧管道实现内部贯通后，原有管道内贮存水均流向新建管道内部，从而实现原有管内贮存水不大量流向外界。

3.9.4 施工准备

（1）对接驳点位置进行钢板桩支护，钢板桩采用12m长拉森Ⅳ钢板桩，支护平面尺寸为7m×6m，设置一道I45b型钢围檩，四角加设I45b斜撑(图3-40)。

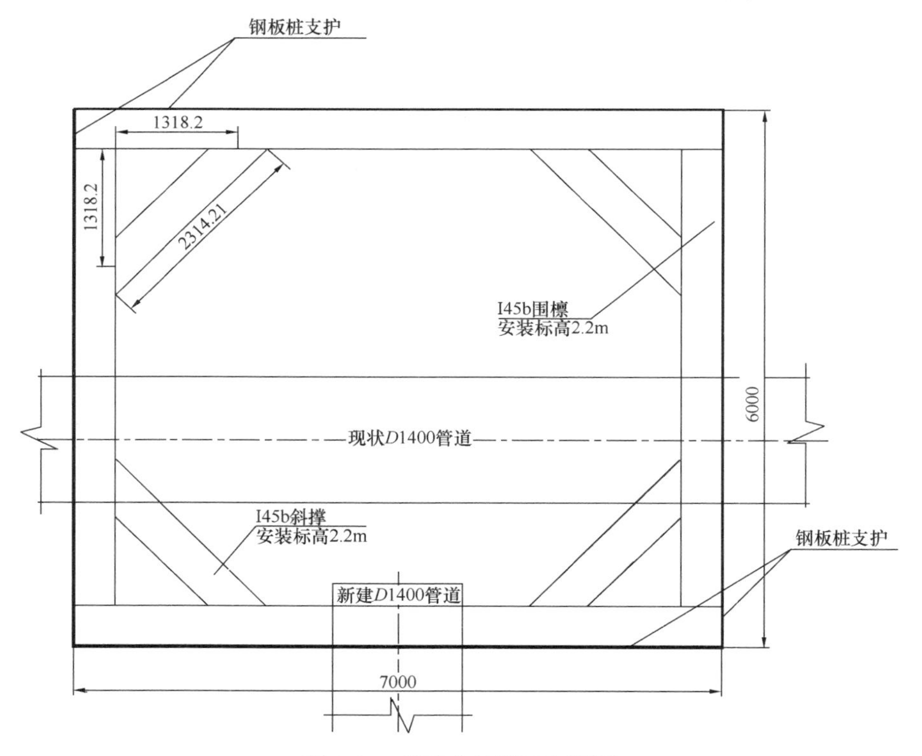

图3-40 基坑支护平面布置图

（2）搭设好上下通道及操作平台。

（3）支护完成后对多余土方进行开挖，保证管道底部预留至少 84cm 作为管道焊接施工操作空间以及水平三通支墩施工。

（4）现场布置好照明、临时用电、25t 汽车起重机等（图 3-41、图 3-42）。

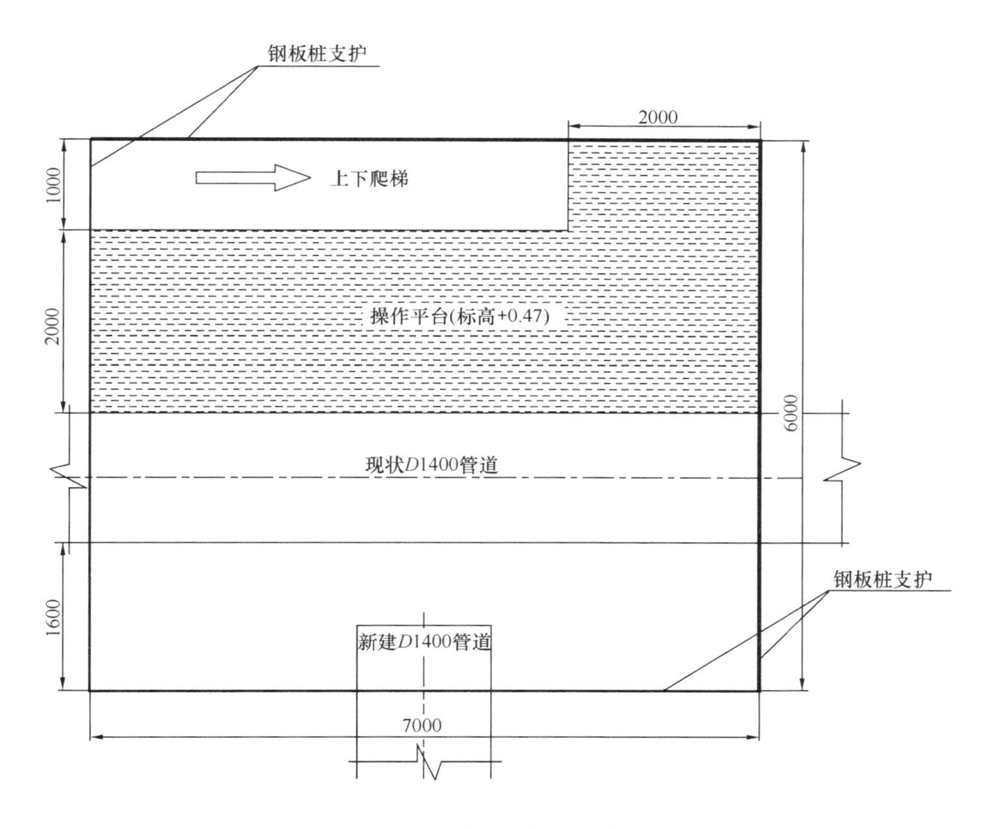

图 3-41　基坑平面布置图

3.9.5　管道焊接

（1）根据等径三通接头形状进行放样并制作好 600mm 长接头钢管，并与现状排海管道焊接，示意图如图 3-43 所示。

（2）600mm 长接头钢管与新建排海管道之间采用焊接直接连接，示意图

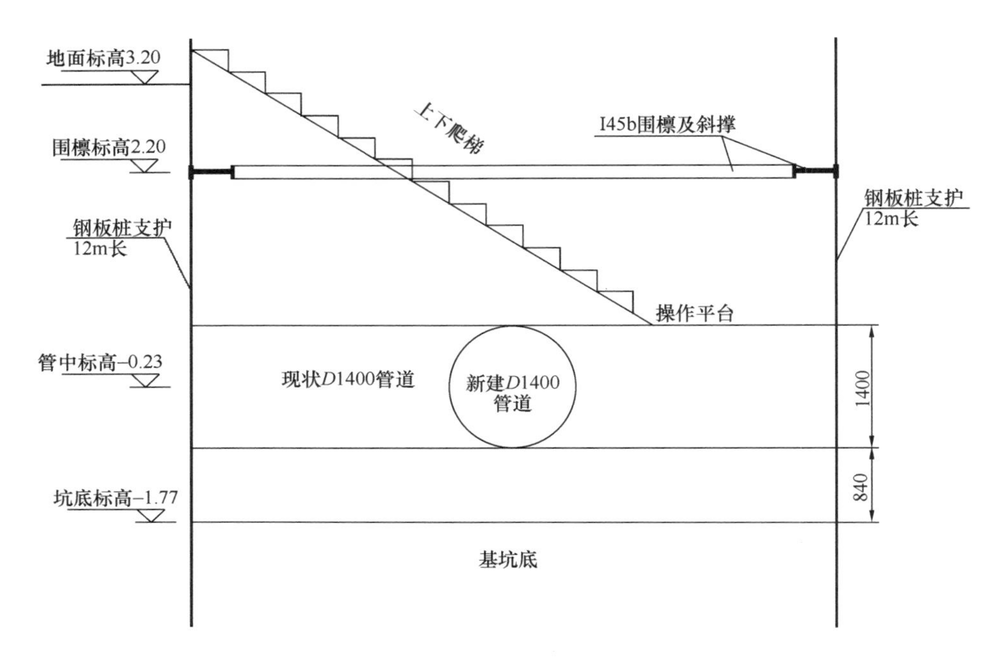

图 3-42　基坑立面布置图

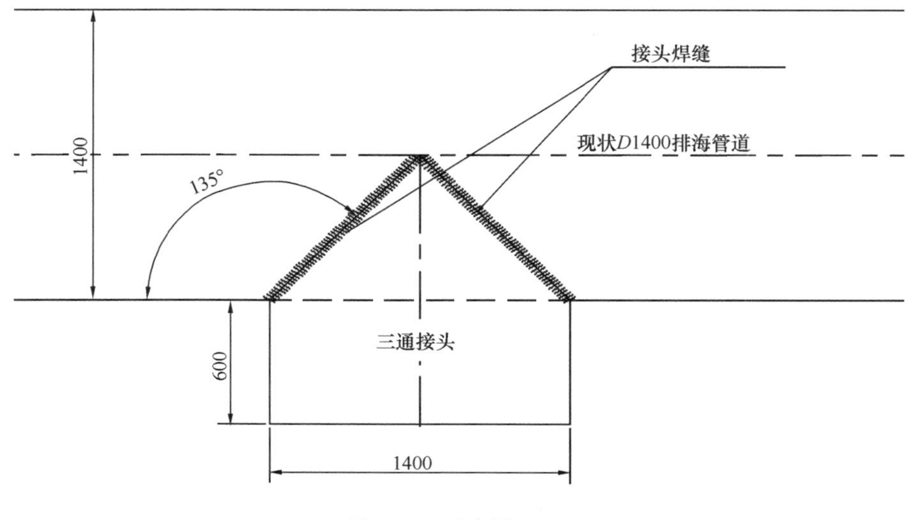

图 3-43　示意图（一）

如图 3-44 所示。

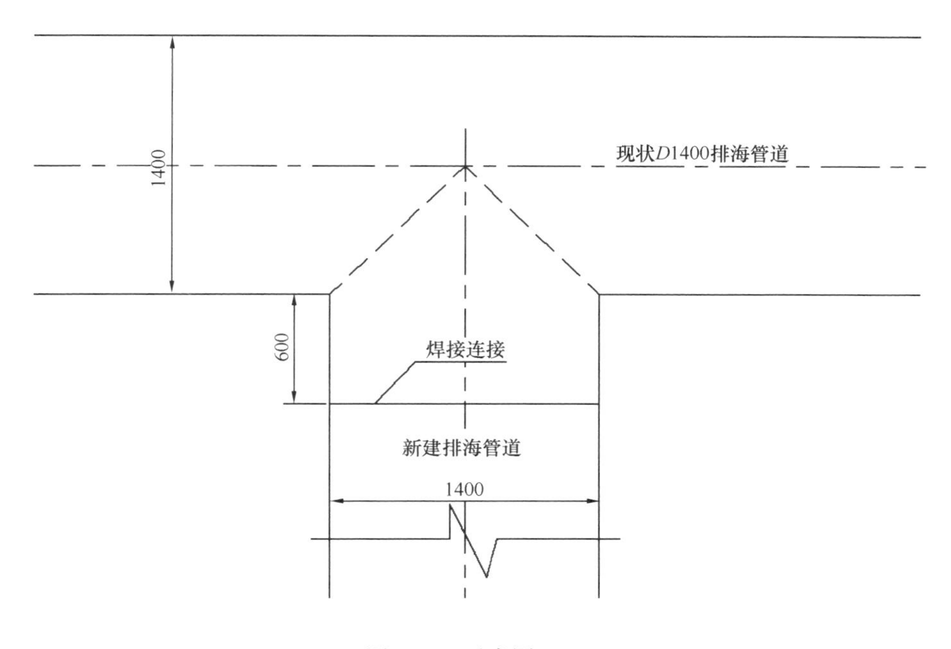

图 3-44　示意图（二）

3.9.6　停水接驳施工

（1）停水

污水处理厂停止运营，关闭原有排海管道闸门，进行水下切割设备调试。

（2）泄气孔切割

接驳点与排海管道最高点标高差约为 4m，即排海泵房闸门关闭后管道内存在 4m 高水头压力，在进行人孔切割前，先在现状排海管道人孔切割中心位置上切割一个直径 2cm 的小孔。通过小孔进行管道内空气排出，同时观察管道内水压及水位情况。

（3）人孔切割

人孔切割为带水切割，采用水下切割设备在现状管道上割出 ϕ800 人孔。人孔位置如图 3-45 所示。

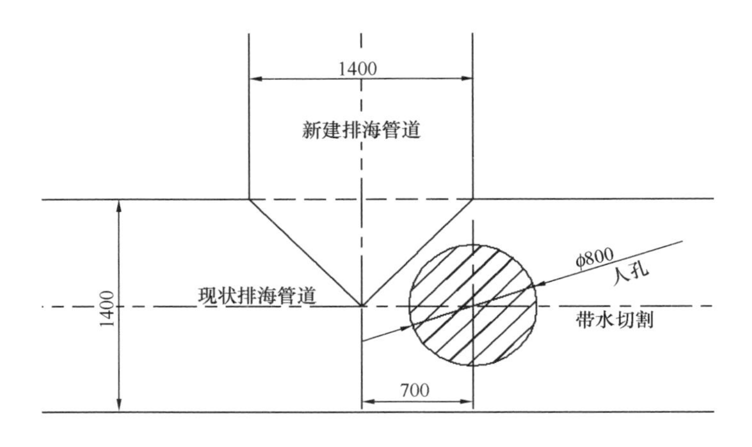

图 3-45　人孔位置

（4）管道内壁附着物清理

ϕ800 人孔开完后，先由潜水员经由人孔潜入管道内进行水下情况摸查，考虑到现状排海管道为钢管材质，且使用年限较长，内壁可能存在许多影响切割位置定位及水下切割施工的附着物，需要潜水员进行清理。

（5）对管道连接部位进行水下切割

水下切割特种作业人员穿戴好潜水服，带好切割工具，经由人孔直接进入现状排海管道内进行连接部位水下切割。

1）首先由作业人员潜入现状管道内水下情况摸查，确认完水下情况及切割位置后再进行正式切割。

2）水下切割需要轮班作业，同一作业人员不能长时间在水下工作。

3）管道连接部位现状排海管道切割需要将侧壁钢板切成能够经由人孔中取出的碎块钢板。考虑到水下切割进度，主管道侧壁上切割孔洞直径控制在

1300mm，每侧预留 5cm 保证连接质量（图 3-46、图 3-47）。

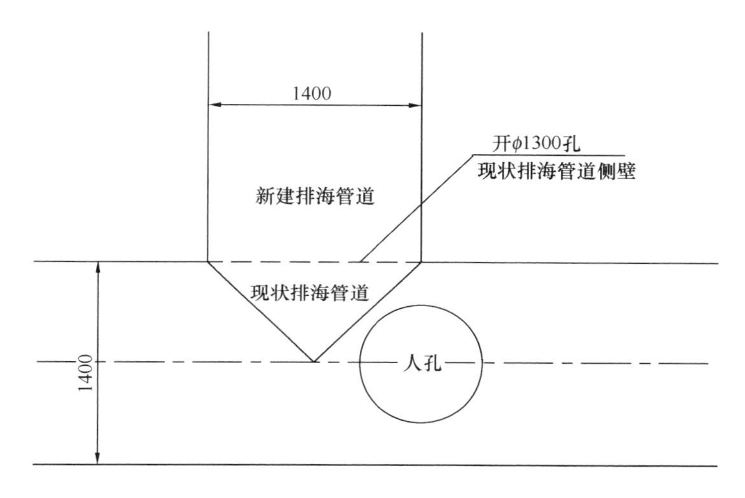

图 3-46 主管道切割平面图

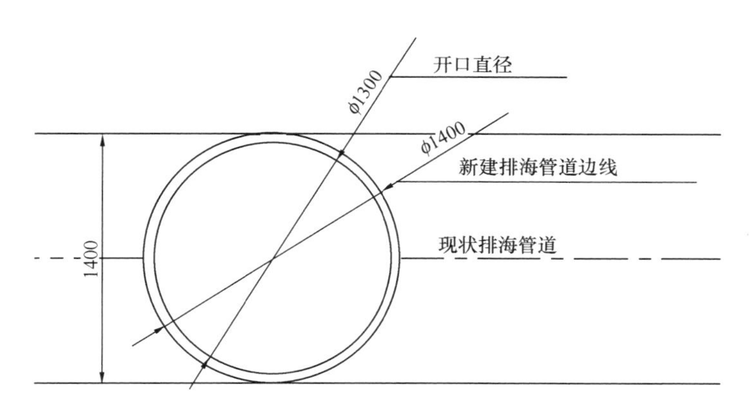

图 3-47 主管道切割立面图

（6）人孔封堵

完成管道连接部位切割后，进行人孔封堵，人孔封堵采用盲板焊接封堵，盲板为壁厚 1cm 弧形钢板，平面尺寸每边超出人孔至少 5cm（图 3-48）。

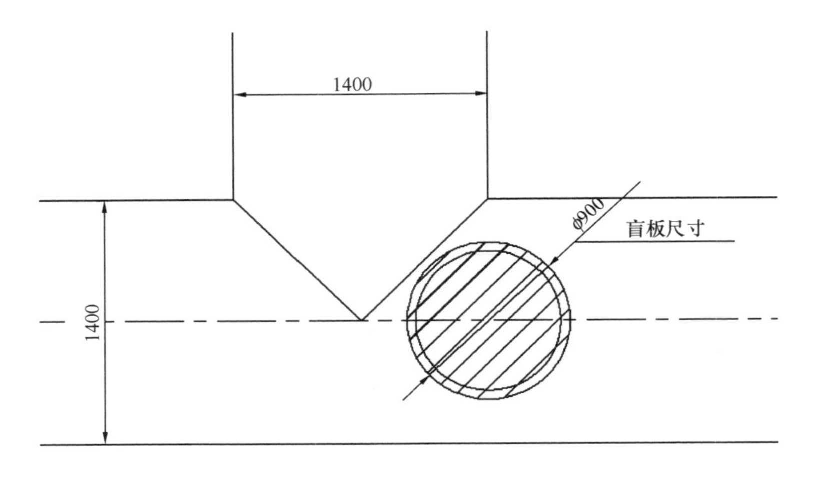

图 3-48　人孔封堵

3.9.7　基坑内溢流水抽排

由于管道接驳点与最高点存在水头差，在进行管道泄气孔开孔后，现状排海管道内的水就会开始顺着孔洞流出管外，当人孔切割完成后，少量管道内回流水将会流入基坑内。为此基坑内提前配备好 1 台抽水流量为 150m^3/h 的水泵，管道内的水通过人孔进入基坑后，通过水泵将回流水排至围墙外（图 3-49）。

围墙内水平管及基坑内立管采用 ϕ150 硬管，硬管接至外墙外后采用 ϕ150 软管（水袋子）进行排水。

3.9.8　水平三通支墩施工

GY10 接头接驳施工完成后，需要采用水平三通支墩进行保护，根据《柔性接口给水管道支墩》10S505 可知，水平三通支墩结构图见图 3-50、图 3-51。

根据本工程管道实际情况查图集可得到水平三通支墩取值如图 3-52 所示。

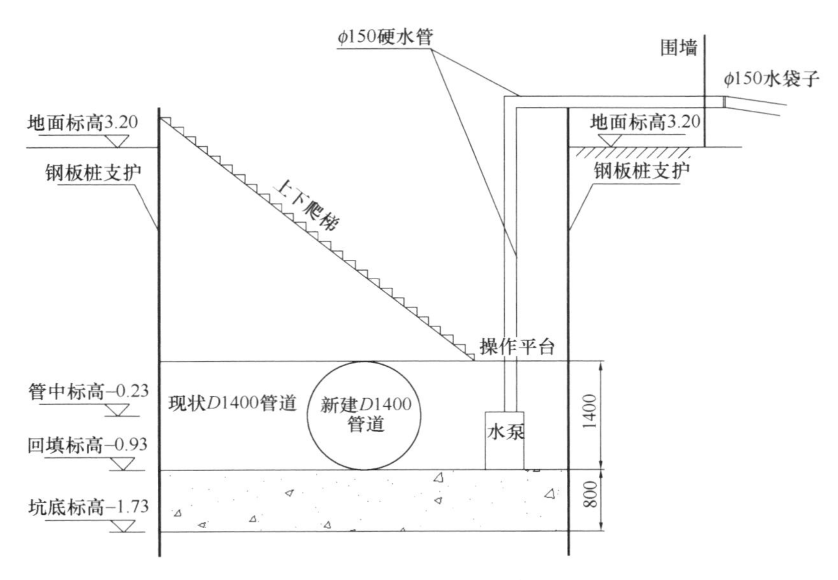

图 3-49 排水立面示意图

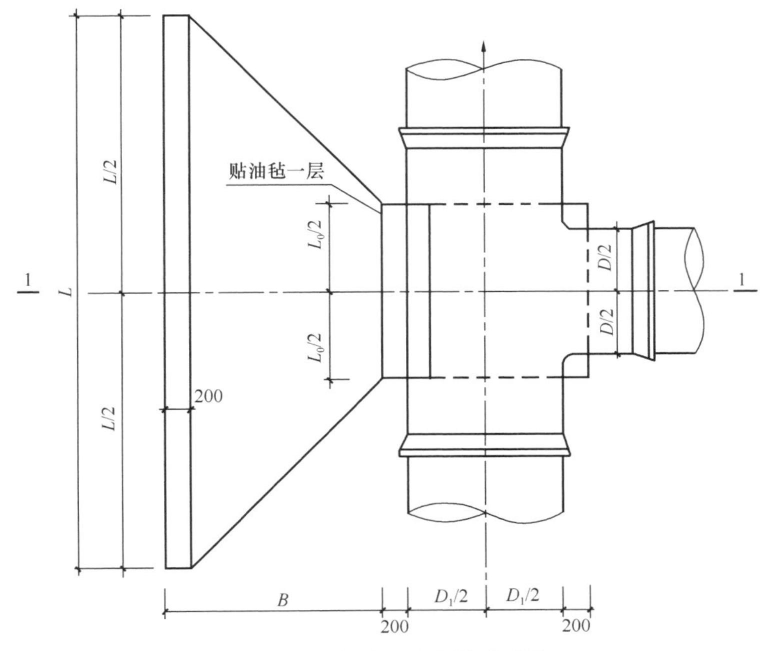

图 3-50 水平三通支墩平面图

注：图中符号均代表长度。

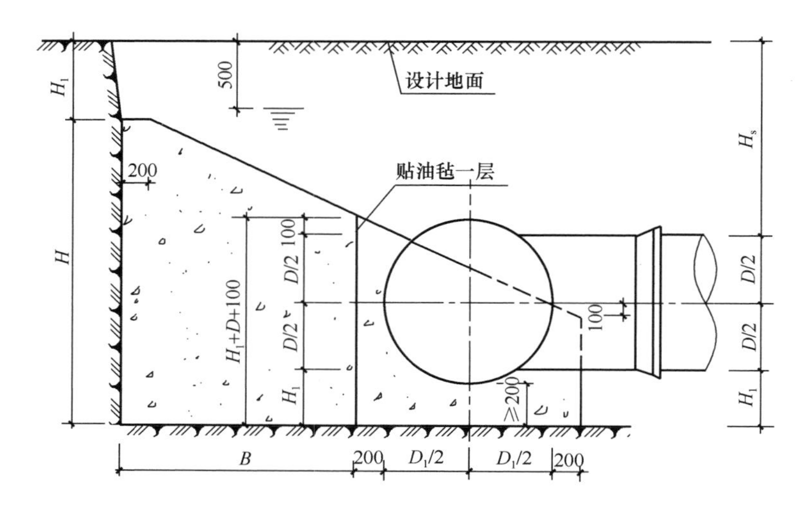

图 3-51 剖面图

注：图中符号均代表长度。

管内径 D(mm)	作用力 $F_{wp,k}$(kN)	管顶覆土 H_1 (mm)	支墩尺寸(mm)							混凝土用量	
			L	L_0	H	H_1	H_2	B	CC_1	V (m³)	V (m³)
900	877.37	1000	7300	1300	2280	880	500	3200	1.13	31.41	39.60
		1500	6000	1300	2660	760	500	2550	1.13	22.96	28.84
		2000	5100	1300	2650	700	950	2100	1.14	16.90	21.50
		2500	4600	1300	2485	660	1575	1850	1.14	13.48	17.10
1000	1044.84	1000	7900	1400	2420	920	500	3450	1.16	38.92	51.61
		1500	6600	1400	2780	780	500	2800	1.17	28.86	38.74
		2000	5600	1400	2870	720	850	2300	1.17	21.53	28.78
		2500	5000	1400	2700	700	1500	2000	1.17	16.99	22.64
1200	1504.56	1000	9200	1600	2760	1060	500	4000	1.09	60.01	70.73
		1500	7900	1600	3100	900	500	3350	1.10	46.01	55.08
		2000	6600	1600	3390	840	650	2700	1.11	34.31	41.65
		2500	6000	1600	3180	780	1300	2400	1.10	27.56	32.85
1400	2047.88	1000	10400	1800	3080	1180	500	4500	1.10	85.44	102.54
		1500	9100	1800	3420	1020	500	3850	1.10	67.51	80.89
		2000	7800	1800	3800	900	500	3200	1.11	52.28	63.58
		2500	7000	1800	3640	840	1100	2800	1.10	41.46	49.48

图 3-52 水平三通支墩取值

本工程管内径为 1400mm，管顶覆土为 2500mm。L 为 7000mm，L_0 为 1800mm。支墩 1-1 剖面图如图 3-53 所示。

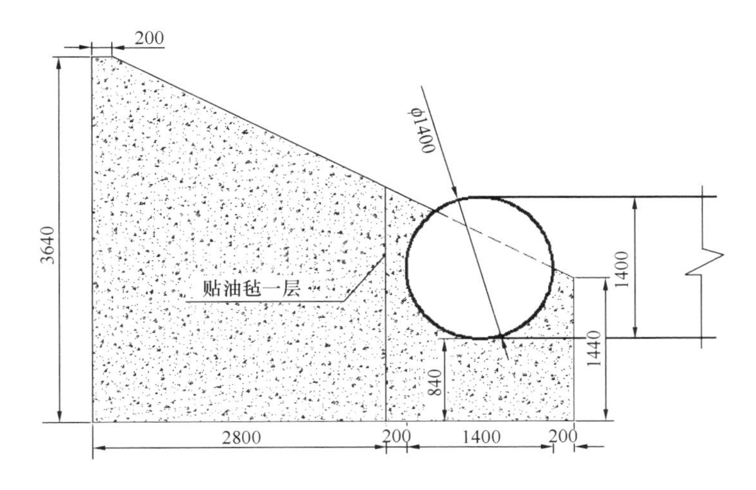

图 3-53 支墩 1-1 剖面图

3.9.9 施工操作要点

（1）切割潜水员携带切割炬下潜进入主管道的工作平台架，切割条放入特制的小口袋中，系在潜水员身上稳妥使用方便的部位。进行水下切割作业，切割潜水员一手握切割炬，另一手持割条，将割条装入切割炬钳口内，拧紧固定，然后将切割条置于切割点上。切割时，为不使割条内孔堵塞，必须在通知供电同时开启氧气，引弧进行切割。

（2）当更换割条或停止切割时，应先通知断电后，再关氧气。当切割作业人员交替时，必须切断电源，切割炬应妥善放在割缝附近，不可随意搁置。在切割操作时，割条一般不做摆动，也不进行运条，只沿切割线进行运作。当割条燃烧到相距切割炬钳口为 35mm 剩余长度时，应停止切割，并更换新割条，以防烧损切割炬及造成更换切割条的困难。

（3）水中判断割缝的方法：

由于施工区域处于水面以下较深处，视线较差，切割潜水员不能观察切割火焰和熔渣流动方向，只能凭潜水员的感觉和经验进行判断。当被割工件或结构没有割穿时，切割炬由于氧气的冲力而有跳动现象；当已割穿，支承在切割点上的割条有下陷现象，且切割炬的跳动减轻，自感切割畅快。

对已完成的割缝，可利用“间隙片”或较硬质细状物插入割缝中，沿割缝进行检查，如通行无阻，则表明已全部割透。反之，则表明有未割透的地方，应进行补割。在切割过程中自感没有割透的部位，也应补割，这样可减少后续的检查和补割工作量。

3.9.10 材料准备及质量检验

（1）材料准备

1）材料

ϕ150 硬水管 80m，ϕ150 软水管 200m；380V 电力接驳点 8 个；大功率白炽灯至少 4 盏，以满足现场要求为准；氧气 15 瓶；盲板（ϕ900 弧形钢板）。

2）主要机械设备（表 3-3）

主要机械设备一览表　　表 3-3

机械或设备名称	规格、总功率	单位	数量	备注
汽车起重机	25t	台	1	
氧气乙炔气焊	—	台	2	
潜水泵	$150m^3/h$	台	2	1 台备用
水下切割设备	—	套	2	
插入式振捣器	ZN50	台	2	
运输车	10t	台	1	
混凝土搅拌机	1000 型	台	1	混凝土搅拌机
铲车		台	1	输送泵

（2）质量检验

1）焊缝外观质量要求见表 3-4。

焊缝外观质量要求　　表 3-4

项目	技术要求
外观	不得有融化金属流到焊缝外未融化的母材上，焊缝和热影响区表面不得有裂纹、气孔、弧坑和灰渣等缺陷；表面光顺、均匀、焊道与母材应平缓过渡

续表

项目	技术要求
宽度	应焊出坡口边缘2～3mm
表面余高	应小于或等于1mm+0.2倍坡口边缘宽度，且不大于4mm
咬边	深度应小于或等于0.5mm，焊缝两侧咬边总长不得超过焊缝长度的10%，且连续长度不应大于100mm
错边	应小于或等于0.2t，且不应大于2mm
未焊满	不允许

注：t为壁厚（mm）。

2）直焊缝卷管管节几何尺寸偏差要求见表3-5。

直焊缝卷管管节几何尺寸偏差要求　　表3-5

项目	允许偏差（mm）	
周长	$D\leqslant600$	±2，0
	$D>600$	±0.0035D
圆度	管端0.001D，其他部位0.01D	
端面垂直度	0.001D，且不大于1.5	
弧度	用弧长$\pi D/6$的弧形板量测于管内壁或外壁纵缝处形成的间隙，其间隙为0.1t+2，且不大于4，距管端200mm纵缝处的间隙不大于2	

注：D为管内径（mm），t为壁厚（mm）。

3）管道轴心标高误差：小于等于2mm。

3.9.11 施工注意事项

（1）认真编制专项施工方案，对班组进行全面的施工技术交底，使作业人员明确施工要点、方法、步骤，掌握安全操作规程，明确岗位职责。保证严格按设计及施工技术规范要求施工。

（2）由总工组织工程技术部门相关人员进行认真计算、校核，并报上级部门审批，保证各项验算满足通行使用要求。

（3）焊工持证上岗、考试评定，不合格的坚决淘汰；所有钢结构的焊接，进行焊接工艺试验，优化焊接工艺，保证焊接的可靠性。

（4）施工使用的原材料进场后，对原材料的品种、规格、数量以及质量证明书等进行验收核查，并按有关标准的规定取样和复检。

（5）高度重视施工质量，强化质量监督，质量验收标准按编制依据规范、标准严格控制。

3.10 乙丙共聚蜂窝式斜管在沉淀池中的应用技术

沉淀分离作为一种单元操作，早在污水处理系统中应用，是一种较为实用的水处理技术；普通沉淀池应用该项技术，对污水悬浮物、絮状物的去除率不高，一般只有40%～70%，且沉淀池体积庞大，占地面积较多，严重浪费土地资源；实际施工中对土工操作要求精密，严重浪费劳动力及施工材料。

针对以上问题，我们根据浅池原理并参考类似工程工艺，采用了乙丙共聚蜂窝式斜管施工技术，较好解决了上述问题；结合锦州污水处理厂三期工程高效沉淀池实际操作经验，编制整理出了本技术。

3.10.1 工艺流程

施工工艺流程见图3-54。

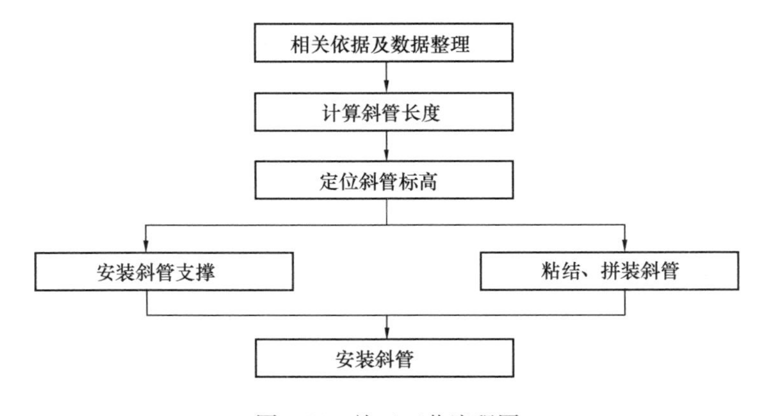

图3-54 施工工艺流程图

3.10.2 运用范围

本工艺标准适用于城市、工业及生活等水处理厂内沉淀池类工程。

3.10.3 技术特点

采用斜管施工技术，可有效减小沉淀池结构体积，减少土地使用面积，增强滤水质量。

采用乙丙共聚蜂窝式斜管，施工简便、操作性强、成本造价低。

3.10.4 工艺原理

本技术结合沉淀池、澄清池结构几何尺寸及工程水处理量等参数，计算斜管长度；通过定位滤水区高度，在池壁部位设置工字钢、支撑角钢及扁铁，最后进行乙丙共聚蜂窝式斜管的粘结及安装工程。依据浅池原理，可提高沉淀池滤水工效，降低劳动力及材料需求，提高施工速度。

3.10.5 材料进场验收、检验

施工用的材料，进场时由专人收集产品合格证等质量保证资料，并用游标卡尺、钢卷尺等计量工具检查其尺寸模数。所用钢材必须符合国家现行标准。

（1）钢材规格尺寸及观感：H18a 型工字钢，腹板高度允许偏差为±2mm，翼缘宽度允许偏差为±2mm，腹板厚允许偏差为±1mm；等边角钢每米弯曲度不大于 4mm，总弯曲度不大于总长的 0.4%，每米重量允许偏差为−5%～3%；钢材要求不得存在使用上有害的缺陷，如分层、结疤、裂缝等。

（2）焊条外观不应有药皮脱落、焊芯生锈等缺陷；受潮焊条应用烘烤箱烘干后，方可使用。

3.10.6 斜管标高及长度确定

（1）相关依据、数据整理

1）浅池原理。

设斜管沉淀池池长为 L，池深为 H，池中水平流速为 v，颗粒沉速为 μ，在理想状态下，$L/H=v/\mu$。可见 L 与 v 值不变时，池身越浅，可被去除的悬浮物颗粒越小。若用水平隔板，将 H 分成 3 层，每层层深为 $H/3$，在 μ 与 v 不变的条件下，只需 $L/3$，就可以将 μ 的颗粒去除，也即总容积可减少到原来的 1/3。

2）采用斜管技术，简化分层安装工艺。根据絮凝物在水中悬浮高度，斜管的上层应有 0.5～1.0m 的水深，底部缓冲层高度为 1.0m。斜管下为废水分布区，一般高度不小于 0.5m，布水区下部为污泥区，斜管与水平面呈 60°，斜管孔径一般为 80～100mm。实际操作中，根据斜管计算长度，在上述区域内弹线定位。

（2）斜管长度计算

斜管长度计算方法，见式（3-7）～式（3-10）。

$$A = M\cdot(1-\alpha) \tag{3-7}$$

$$v = Q/A \tag{3-8}$$

$$v_1 = v/\sin\theta \tag{3-9}$$

$$L = (1/\eta\cdot v_1 - \mu\sin\theta)\cdot d/\mu\cos\theta \tag{3-10}$$

式中 A——斜管部位清水区面积（m^2）；

M——沉淀、澄清池底面积（m^2）；

α——斜管在沉淀、澄清区占用面积（m^2）；

v——清水上流速度（mm/s）；

Q——污水处理流量（m^3/s）；

v_1——斜管内清水上流速度（mm/s）；

θ——斜管倾斜角度；

L——斜管长度（mm）；

η——计算系数，一般范围0.75～0.85；

μ——絮状物沉淀速度（mm/s）；

d——六边形斜管内切圆直径（mm）。

3.10.7 斜管、支撑制作及安装

（1）斜管加工制作

采用乙丙共聚蜂窝式斜管，施工操作简便，一般采用多片乙丙共聚板错位热熔焊接工艺。加工要点如下：

1）选择平整加工场地，安放U形乙丙共聚板材定位钢筋架。

2）用软纸或蘸酒精的布清洗板材焊接面的油污或异物。

3）加热热熔机械加热板，温度控制不高于200℃，一般加热10min左右开始使用，使用时将加热板调至适宜恒温。

4）待板材清洗干燥后，固定一片板材，人工对接拼装另一块板材；用加热板从两块板材的一端开始焊接板材粘结边，见图3-55。

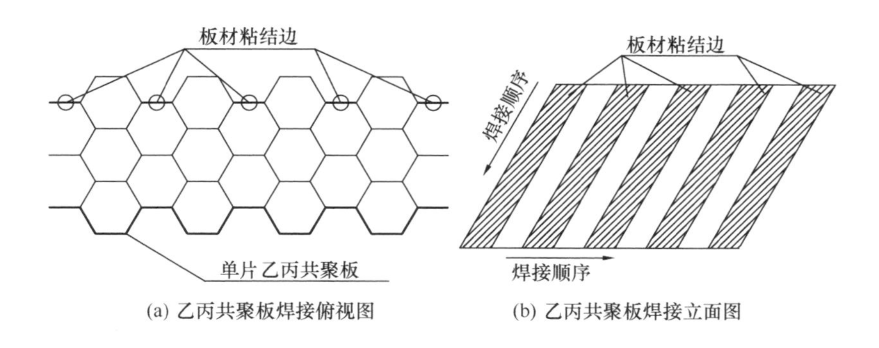

图3-55 乙丙共聚斜管粘结节点图

5）焊接边要求满焊，焊接时要求一边缓慢移动热熔机加热板，一边采用与粘结边同尺寸的模板压实焊接边。

6）根据池体尺寸，以方便倒运、固定为目的，乙丙共聚蜂窝斜管粘结成

型尺寸不宜过大，见图 3-56。

图 3-56　乙丙共聚蜂窝式斜管实物图

（2）斜管及支撑安装

1）安装流程

测量定位→安装支撑角钢→安装工字钢→安装扁钢→斜管安装。

2）操作要点

采用 H18a 型工字钢及 L70mm×6mm 角钢作为斜管主支撑，—50mm×5mm 扁钢作为斜管次支撑；施工前测定标高位置，在池体短向的池壁上预埋 M1，尺寸为 L（池壁宽度）×250mm(宽)×10(厚)mm 的钢板，在池体长向的池壁上预埋 M2，尺寸为 400mm×400mm×10mm 钢板；待混凝土浇筑完毕，模板拆除后，先将角钢与 M1 焊接，工字钢与 M2 焊接；然后在角钢、工字钢上部焊接沿池体长向铺设的扁铁；再在扁铁下焊接沿池体短向铺设的扁铁；最后按水流反向安装乙丙共聚蜂窝式斜管，并用尼龙绳固定。安装节点及实物见图 3-57～图 3-59。

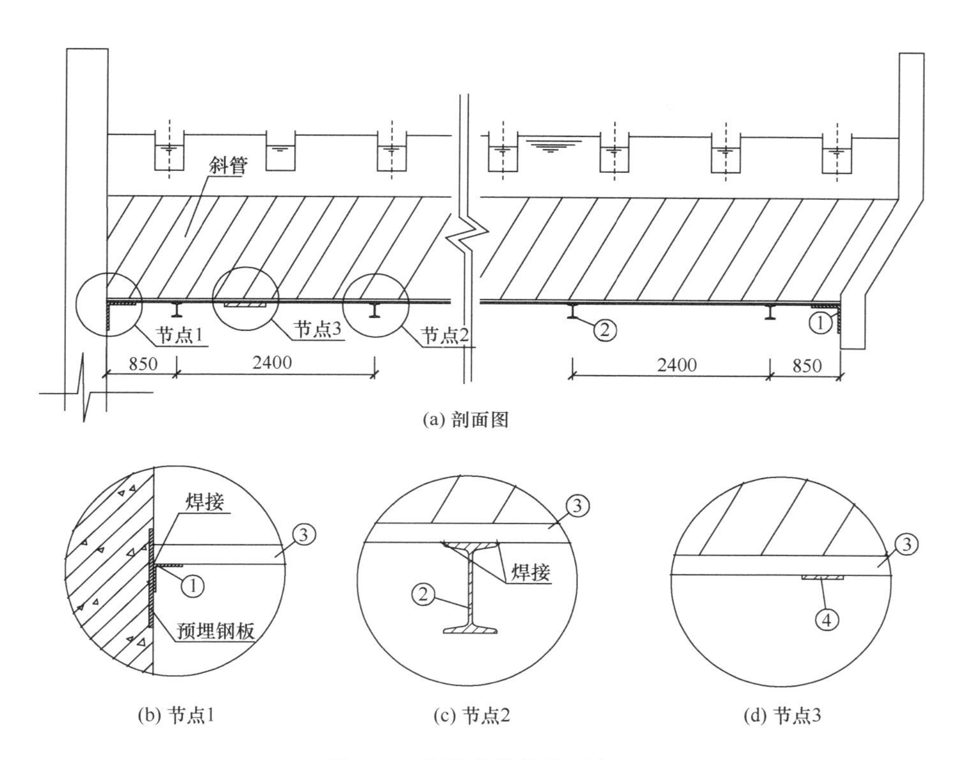

(a) 剖面图

(b) 节点1　　(c) 节点2　　(d) 节点3

图 3-57　斜管安装节点示意图

注：①为 L70mm×6mm 角钢；②为 H18a 型工字钢；③为池体长向—50mm×5mm 扁钢；④为池体短向—50mm×5mm 扁钢，其中③号扁钢间距不大于斜管内切圆直径；④号扁钢间距不大于 500mm。

图 3-58　斜管支撑安装完毕实物图

图 3-59　斜管完毕实物图

3.10.8　斜管支撑安装质量控制

（1）起重机吊运钢材时，应轻起慢放，以免破坏型材及结构质量。

（2）角钢及工字钢焊接前应用测量仪器定位调平；要求角钢及工字钢水平误差为±2mm，角度误差为±1°。

（3）钢材焊接前，应用钢丝刷等工具清理焊口，保证焊缝周边无锈蚀、油污；焊缝观感应保证外形均匀、成型良好，且焊口与金属间过渡平滑，焊渣、飞溅物等施焊完毕后清除干净。

3.10.9　板材焊接及安装质量

板材粘结边错位允许偏差为±3mm，粘结边要求满焊且无漏焊，焊接成型后，斜管口尺寸无变形，倾斜度允许偏差为±1°；每块焊接完毕的乙丙共聚蜂窝式斜管安装时应错位 1/2，搭接安装，并用尼龙绳将其固定在扁钢上，保证池体注水不上浮。

3.11 滤池内滤板模板及曝气头的安装技术

3.11.1 工艺流程

施工工艺流程见图 3-60。

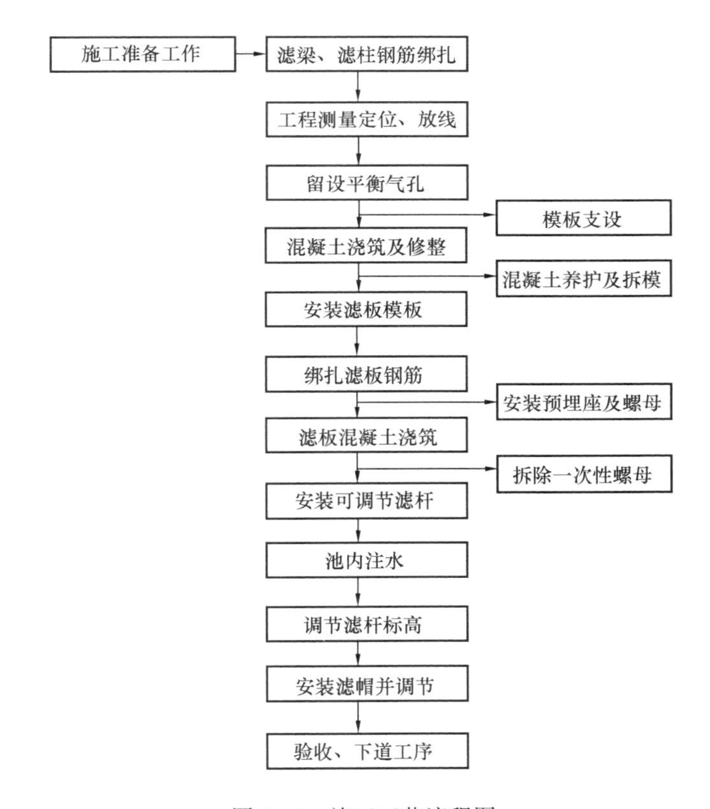

图 3-60 施工工艺流程图

3.11.2 运用范围

本技术适用于污水处理厂深度处理间内滤池的滤板及曝气头安装工程。

3.11.3 技术特点

(1) 采用成品 ABS 一次性塑料模具，承压强度较高，踩碰不碎，与滤梁、滤柱及池壁预留插筋稳固连接，取消了模板下部支撑体系，消除了狭小空间模板支设和拆除的施工难点，增快了施工进度。

(2) 成品塑料模具集中制作，开设预留孔，有效提高了模具整体平整度，增强了曝气头定位精度。

(3) 可拆式长柄曝气滤头分节安装，混凝土浇筑时，降低了曝气滤头损坏率，混凝土浇筑后，避免了曝气头二次人工收口施工。

3.11.4 工艺原理

本技术采用 ABS 工程塑料，按设计钢筋混凝土滤板荷载要求，定型制作滤板模板，将其与滤梁、滤柱及池壁预留插筋稳固连接，以此达到取消传统模板支撑体系的要求；滤板钢筋绑扎完毕后，先将曝气头（图 3-61）的预埋座与塑料模板卡销连接，再安装一次性防护螺母，最后浇筑混凝土；因塑料模板采用定型模具加工制作，模板上按设计要求预留反冲洗曝气孔洞，可以较精准地控制预埋座留设位置，节约了人工二次修整费用，因曝气头可分解分次安装，浇筑滤板混凝土时，可以有效降低曝气头在施工中的损坏率。

3.11.5 材料进场验收、检验

材料相关参数，严格依据国家相关法律法规及条文说明，加工成品材料，进场由专人收集产品合格证等质量保证资料，并用游标卡尺、钢卷尺等计量工具检查其尺寸模数。

材料：选用 ABS 工程塑料，由专业厂家集中定型制作成模板配件，具有尺寸稳定性和耐冲击等特点。

滤板尺寸参数允许偏差值见表 3-6。

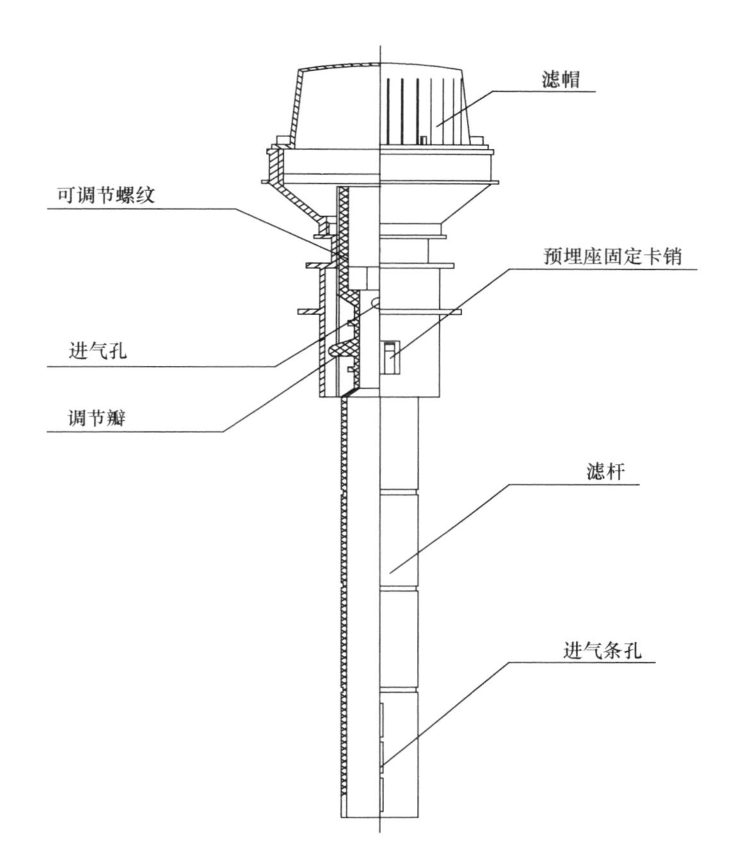

图 3-61 曝气头示意图

滤板尺寸参数允许偏差值 **表 3-6**

模板尺寸				滤头预埋座孔	
长度（mm）	宽度（mm）	高度（mm）	厚度（mm）	孔径（mm）	孔距（mm）
±2	±1	±1	±0.5	±0.5	(纵)±1
					(横)±1

曝气头尺寸参数允许偏差值见表 3-7。

曝气头尺寸参数允许偏差值 **表 3-7**

滤帽缝隙尺寸			滤杆尺寸		预埋座尺寸	
宽度（mm）	长度（mm）	条数	长度（mm）	内径（mm）	长度（mm）	外径（mm）
±0.05	±1.0	≥40	±2	±0.5	±1.5	±1

3.11.6 滤板施工质量控制

（1）滤板支撑：采用结构滤梁滤柱支撑，施工中，应严格按照设计要求，控制滤梁、柱间距，滤梁、柱与四周池壁净间距，滤梁、柱断面尺寸及滤梁、柱轴线定位，上述尺寸偏差要求控制在±3mm以内。不合格部位，应用同滤梁强度等级相同的砂浆剔毛修整。

（2）滤梁上部平衡气孔：一般采用*DN*40PVC@150mm管材预埋，其长度同梁宽，其顶标高为滤梁顶标高；其间距、标高及滤梁间平衡气孔定位允许偏差为±3mm。

（3）滤板锚固：池壁及滤梁滤柱部位预留插筋，插筋采用与滤板同型号、同级别钢筋，间距为150mm，预留长度为350mm，尺寸偏差要求控制在±5mm以内；滤板模板安装完毕后，用钢筋板子将滤梁滤柱上部预留插筋弯折，与滤板上钢筋锚固。

（4）混凝土浇筑：为减小滤板模板振动，防止出现拼接开裂，混凝土浇筑时采用溜槽下滑混凝土；振动采用平板振动器，且严禁振动器接触模板；滤板混凝土平整度要求控制在8mm以内。

（5）滤杆调试：待拆除完螺母后，进行池内注水，水位高度控制在混凝土滤板以下30mm左右，调节滤杆平衡水位，控制误差在2mm以内。

3.11.7 滤梁和滤柱截面尺寸及定位

滤梁和滤柱是滤板的结构支撑，也是塑料模板安装过程中的支撑，所以，滤梁和滤柱的截面尺寸及定位直接影响塑料模板的制作和安装。其施工要点主要为：钢筋及模板测量定位、模板集中下料、施工三检制度及拆模后截面人工修整。施工管理人员要具备责任心，严格按照施工蓝图检查施工尺寸，滤梁及滤柱检查要点见图3-62尺寸。

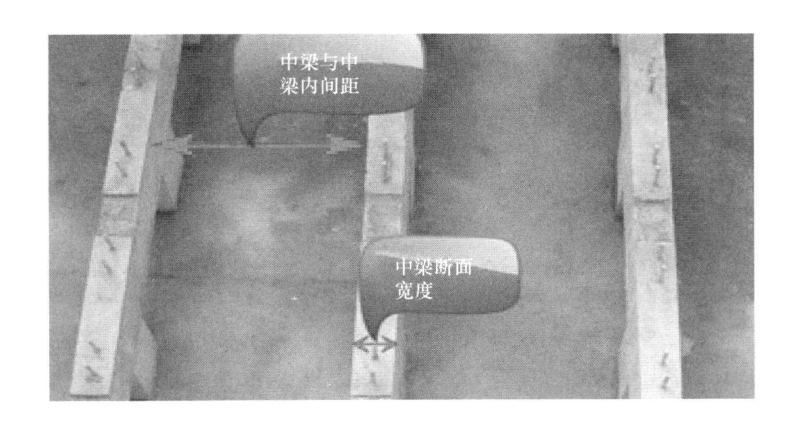

图 3-62 滤梁及滤柱检查要点图

3.11.8 滤梁上平衡气孔定位

滤梁（柱）上部预埋平衡气孔，平衡气孔留设位置、数量、尺寸及定位直接影响曝气系统的运行，安装前应由测量人员提供定位线，并按设计要求，标注预埋平衡气孔位置，经质检员、监理等人员核查无误，方可进行下道工序。滤梁上部预埋平衡气孔参见图 3-63。

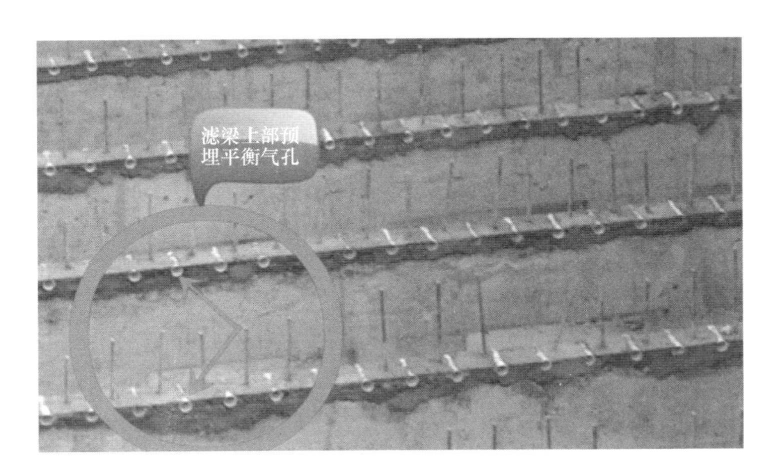

图 3-63 滤梁上部预埋平衡气孔

滤池四周池壁与滤板结合部位要剔凿出深度 30mm 的凹槽，凹槽底标高为滤梁顶标高，凹槽顶标高为滤板顶标高。为保证滤板模板固定安装牢固，应在池壁、滤梁、滤柱部位设置插筋，预埋插筋与预埋平衡气孔均匀错位设置，参见图 3-64。

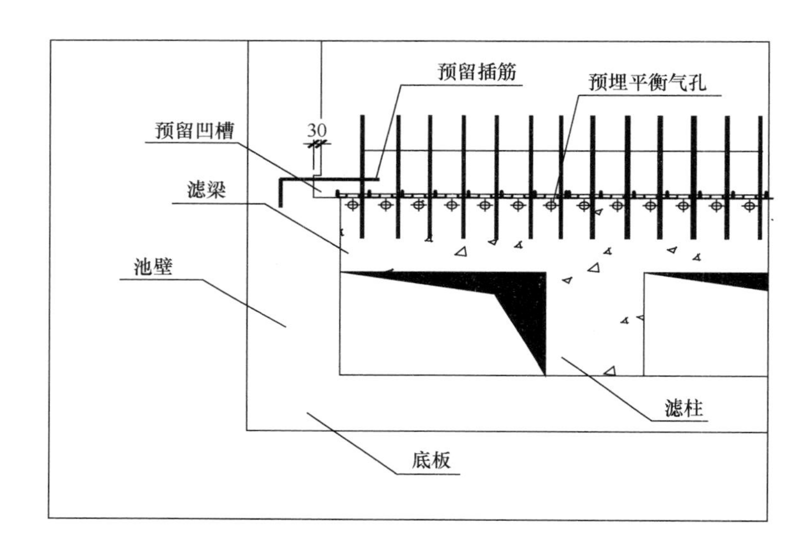

图 3-64　预留插筋与预留预埋平衡气孔示意图

3.11.9　曝气头安装

滤板模板安装及滤板钢筋绑扎完毕后，方能进行曝气头预埋座及防护螺母的安装，以防止施工人员踩踏破损；滤板混凝土达到设计龄期时，施工人员应采用小铁锤对防护螺母周边部位轻击，缓慢拆除，严禁用钎子、钢撬等拆除，以防滤板混凝土受损；防护螺母拆除后，应将滤板杂物清除干净，方可安装滤杆，滤杆全部安装完毕后，应及时对滤板下部注水，检查调整滤杆标高；在安装滤帽之前要把滤池滤板下部用来调节滤杆的水全部放空，滤板面要冲洗干净，要确保无杂物残留在杆内被堵塞的问题，方可进行滤帽的安装，安装流程详见图 3-65。

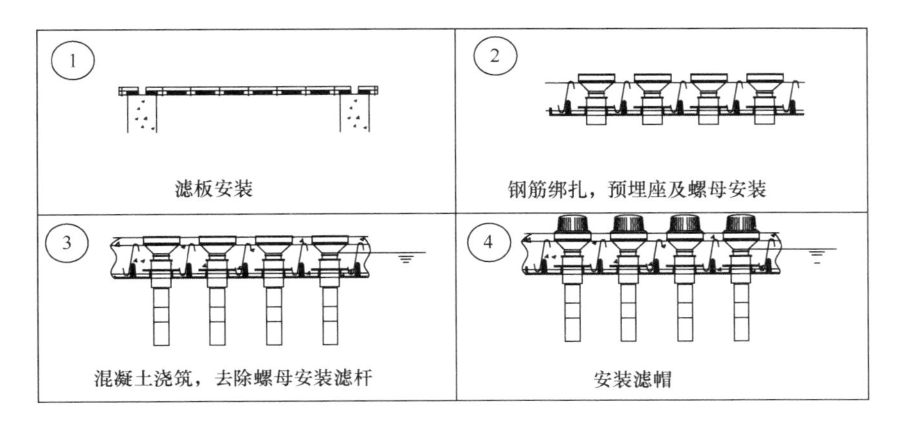

图 3-65 安装流程

3.11.10 滤板加工安装

滤板安装水平精度要求很高，其控制因素，不仅仅是滤梁滤柱及池体平整，滤板制作及安装也是控制要点。制作前，应根据滤池整体尺寸，划分滤板规格，采用定型模具批量生产，以保证加工出的模板尺寸、平整度及预留孔位置一致。制作要求：每块滤板平整度误差为±1mm，预留孔距误差为±1mm。安装前，应由专业测量员在池壁上弹设滤板模板标高控制线，安装时，应由池体短边向长边铺设，随铺设随测量，模板交接部位采用成品压板焊接连接。

3.12 水工构筑物橡胶止水带引发缝施工技术

水池引发缝是伸缩缝的一种形式，其作用是：结构整体浇筑；钢筋可以断开、部分或者完全贯通；通过结构布置及构造措施，使结构由于温度变化或干缩效应引起拉应力增加时，于预定的位置变形，从而减小结构其他位置的应力。

随着水处理工程规模不断扩大，水处理池的平面尺寸也不断加大。按照《给水排水工程构筑物结构设计规范》GB 50069 要求，大型水池长度大于 30m

时应设置伸缩缝。水池结构在设缝处断开可以使其两边的结构自由伸缩，减小温度变化、不均匀沉降引起的内应力。普通伸缩缝在设缝处钢筋和混凝土完全断开，只靠橡胶止水带相连并止水。

水池构筑物对于抗渗要求很高。引发缝作为防止构筑物因差异沉降及混凝土收缩而导致结构受损的关键环节，施工质量至关重要。根据以往工程质量问题相关资料显示，引发缝处由于橡胶止水带偏位及断裂而造成的渗漏问题较为常见，所以解决橡胶止水带安装固定问题极为重要。项目部通过摸索、反复试验，提出了一种橡胶止水带的新型安装与侧模加固的方法。本施工方法经济可靠，将橡胶止水带的固定结构连接在底板钢筋网上，使安装更加精确牢固，同时橡胶止水带采用硫化热熔连接确保橡胶止水带整体性，消除薄弱位置开裂隐患。

3.12.1 工艺流程

钢筋下料→底板、侧壁钢筋网安装就位→横向钢筋及箍套钢筋安装就位→橡胶止水带安装→端面模板安装→浇筑此施工段混凝土→本段引发缝（一侧）施工完毕→拆除端面模板→粘贴填缝材料→进行相邻施工段（另一侧）施工→修整引发缝表面→双组分聚硫密封膏填缝。

3.12.2 工法特点

引发缝设计与后浇带相比，后浇带设计需在两侧混凝土浇筑42d后才能进行后浇带混凝土浇筑，施工周期较长；工序多、操作不便以致难以保证接缝防水质量，而且不能有效解决温度应力的问题，而采用引发缝设计能有效解决以上问题。本施工工艺现场可操作性较强，将安装构件化整为零，使安装定位更精确，确保了橡胶止水带圆管位置居中并且浇筑混凝土时止水带位置不易发生偏移。同时使薄壁混凝土结构端部配筋形成暗柱，加强端部约束避免水平裂缝产生，使混凝土结构的抗裂性能提高。本技术橡胶止水带采用的是硫化热连接施工工艺，此工艺操作简易，受环境温湿度影响较小，可有效保证止水带接头质量。

3.12.3 适用范围

此项水工构筑物引发缝施工工法适用于具有引发缝或类似结构伸缩缝的水工构筑物中。

3.12.4 工艺原理

设计中利用引发缝代替后浇带施工，节约工期及施工成本，提高水池抗渗、防裂能力。本技术引发缝处橡胶止水带安装采用了一种简单牢靠的固定结构，橡胶止水带由开口钢筋箍套卡住固定，同时采用横向的钢筋穿过钢筋箍套来确定位置，并与底板钢筋网连接在一起。橡胶止水带的连接转折等位置通过硫化热熔连接提高接头保证率，引发缝施工工艺结构模型见图 3-66。

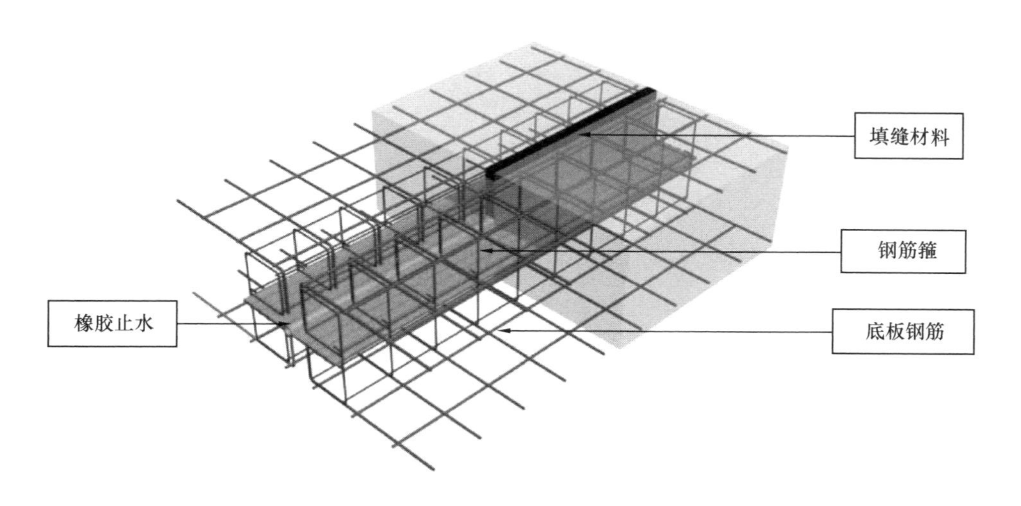

图 3-66　引发缝施工工艺结构模型

3.12.5 橡胶止水带硫化热连接

准备好热硫化焊接机具并预热 30min，焊接加热板需要与橡胶止水带配套。将止水带接头切割整齐，利用打磨机对端头进行打磨，宽度不小于

50mm，分别切割 2 块 10cm 宽生橡胶绑接条和 1cm 宽生橡胶连接条。拔掉电源，关闭预热焊机，将止水带接头平铺在焊机底板上。将 1cm 宽生橡胶连接条放入接缝中间。然后将 10cm 宽的生橡胶绑接条平铺在止水带上下的打磨面上，保证接缝两侧宽度均等（图 3-67）。热熔焊机冷却 20min 后，取出止水带，进行焊接的外观检查，合格后方可进行安装作业。

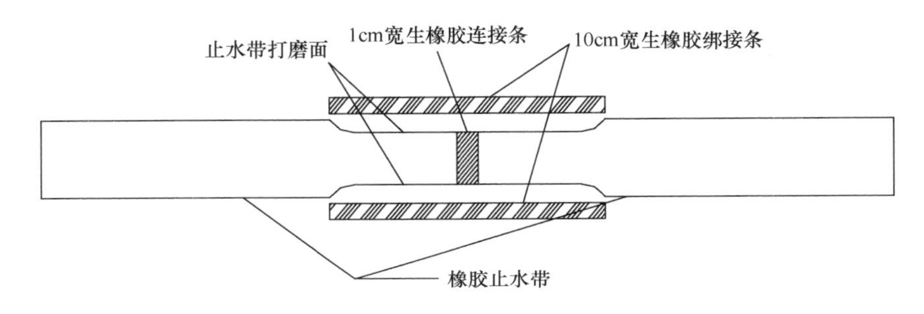

图 3-67　橡胶止水带连接示意图

3.12.6　引发缝侧模安装

底板引发缝隙处模板采用 18mm 厚胶合板，缝加固采用 50mm 厚木方加固使上、下平缝，并采用由钢筋焊接而成的一种简易支撑结构作为侧模支护。墙体引发缝处侧模结构采用 50mm 厚木方及 48mm×3.5mm 双钢管作为主次背楞连接固定（图 3-68）。

3.12.7　混凝土浇筑

水池构筑物底板面积较大，可按照设置引发缝将其划分为若干个相邻施工段，采用“跳仓法”施工（图 3-69）。充分利用了混凝土在 5～10d 期间性能尚未稳定和没有彻底凝固前容易将内应力释放出来的“抗与放”特性原理，按照“分块规划、隔块施工、分层浇筑、整体成型”的原则施工，即隔一段浇筑一段。相邻两段间隔时间不少于 7d，以避免混凝土施工初期部分剧烈温差及干燥作用。同时相邻段混凝土适当延后作业有利于为引发缝端头施工提供作业空间。

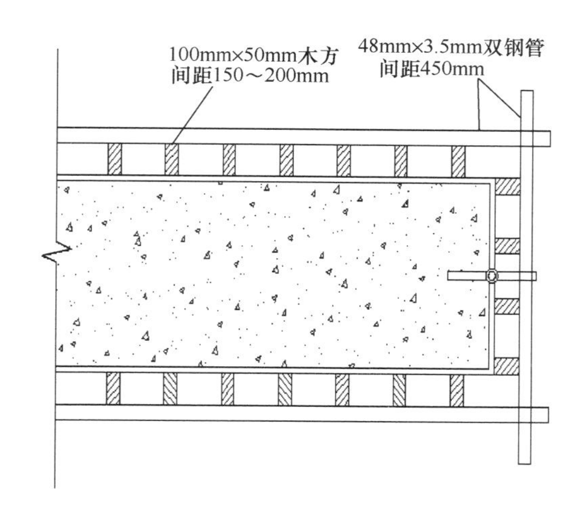

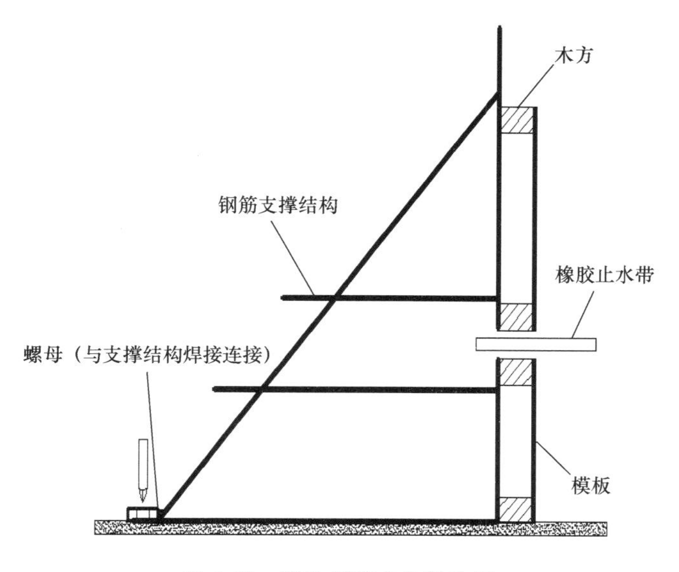

图 3-68 端头模板支设结构图

在模板安装完成并验收合格后，进行混凝土浇筑。引发缝处混凝土浇筑时，采取分层浇筑的方法，先将橡胶止水带下方的混凝土灌注密实后，再进行止水带上方的浇筑施工，浇筑过程中不应直接对着中部橡胶止水带部位下料，振捣棒距橡胶止水带 30cm 以上从侧面振捣，并在初凝前进行二次回振，避免

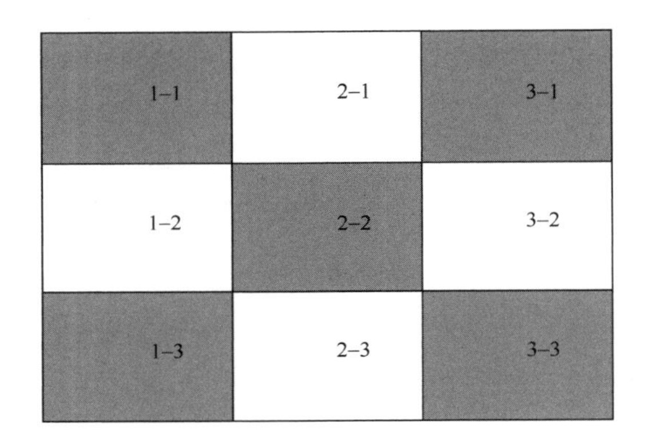

图 3-69 “跳仓法”施工顺序示意图

少振、漏振。为增强混凝土密实度，基础底板混凝土进行二次抹压。

3.12.8 粘贴填缝材料

端面模板拆除后，粘贴填缝材料前，要求混凝土表面平整光滑，对于漏浆、蜂窝、孔洞的部位应及时剔除松散薄弱石子，并采用 1∶2 水泥砂浆抹平。将厚度同引发缝设计宽度的聚乙烯低发泡填缝材料粘贴于橡胶止水带上下两侧（图 3-70）。

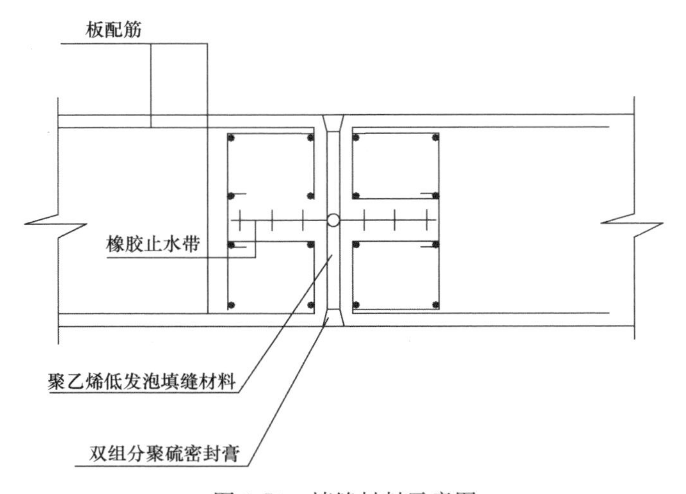

图 3-70 填缝材料示意图

3.13 卵形消化池综合施工技术

卵形消化池（也称蛋形消化池）是土建施工中技术含量最高、施工工艺最复杂的施工技术。我国于 1991 年开始了卵形消化池的设计与建造，由于其独特的形状，给建造带来极大的挑战。

研究目标主要是：

（1）在卵形池体施工中，相比国外的施工工艺——用定型模板浇筑混凝土，采用小型钢模板与异形模板组合的配板方法具有通用性强、配板灵活、建造成本低的特点，需要对模板体系进行研究。

（2）如何在卵形池体模板配板设计中，做到模板型号最少，使每层配板中有规律地增加一种模板型号或减少一种模板型号就可完成双曲弧面整层浇筑层的施工，需要进一步研究。

（3）双曲弧面池体结构的钢筋成型、定型难度大，不同于常规施工方法，需要研究便捷施工的方法与工艺。

（4）双向预应力张拉过程中，相邻预应力筋之间、环向与竖向筋之间的张拉顺序与影响范围、影响量一直少见报道。如何确定最优张拉顺序、确定张拉修正值，从而实现一次性张拉即达到设计要求值，是迫切需要研究和掌握的。

本技术主要研究卵形消化池的模板施工技术、脚手架支撑技术、钢筋的快速绑扎技术、双向预应力张拉技术。

3.13.1 模板及异形模板设计施工技术

发达国家采用的都是定型轻钢模板体系，易拼装、好固定，但价格昂贵，对微利的建筑企业而言，模板的一次性投入太大。如何采用恰当的模板体系，符合工程质量验收要求且节省开支成为技术人员面临的重大课题。通过最初济南污水处理厂卵形消化池的建设，到杭州四堡污水处理厂、济宁污水处理厂、重庆鸡冠石污水处理厂、重庆唐家沱污水处理厂卵形消化池的陆续建造，成功地攻克系列难关，具体内容如下：

（1）采用小型钢模板与异形模板组合的模板体系，解决了模板之间的搭配、组合，配板设计是核心。

主要措施是：设定池体最大直径处的内、外模板全部用选定的矩形模板拼装，并作为基准层依次计算上、下部分的配板、模板型号与数量，内、外模板节点如图 3-71 所示。

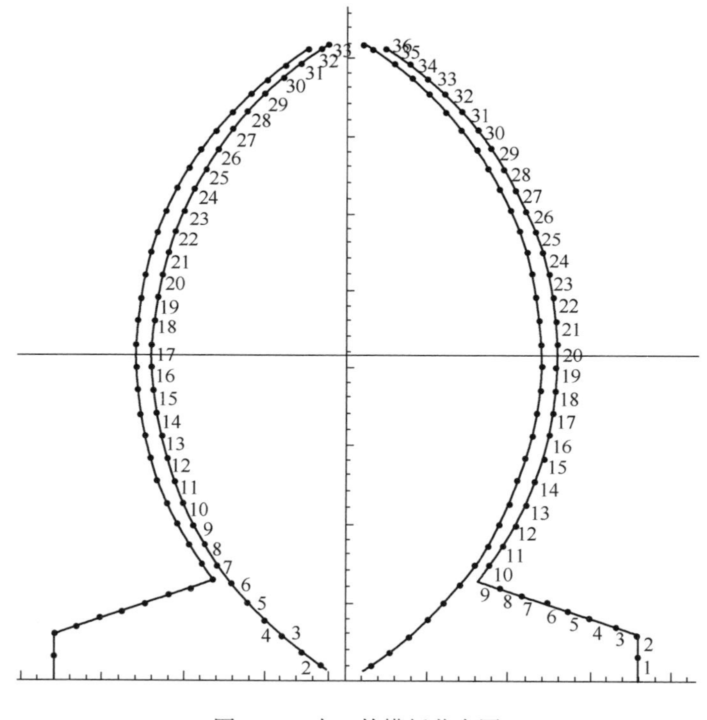

图 3-71　内、外模板节点图

（2）解决了浇筑层模板的快速拼装，实现了每层之间、每个模板单元增加一块或减少一块模板就能重新组成新的模板体系，便捷施工且拟合偏差在验收范围内。

模板拟合排板示意图见图 3-72。

每层模板组合共有三种情况：

1）矩形模板；

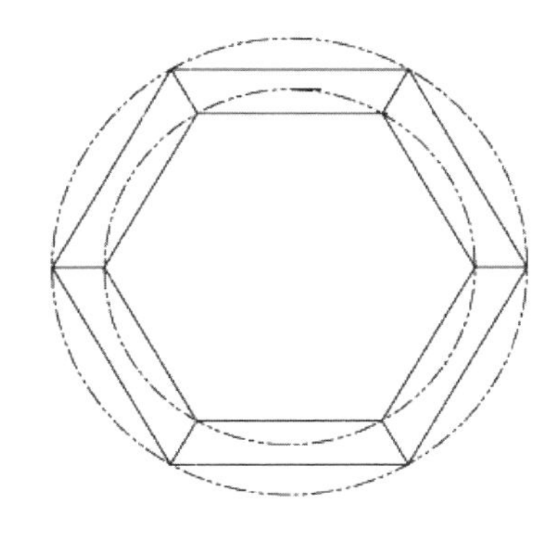

图 3-72 模板拟合排板示意图

2）矩形模板＋定型的异形模板；

3）矩形模板＋定型的异形模板＋变形模板。

（3）克服了内、外模板施工标高不一致、对拉连接困难的难题。

依池体最大直径处为参照，兼顾环梁（或承台）以上外模板的支设，考虑内、外模板层高在一个水平面上时的内模板层高，坚持以采用标准模板为主的原则进行软件设计。

（4）解决了模板抗浮难题。

采用抗浮锚具与伞形支撑相结合的做法，有效防止池底施工时的模板抗浮问题（图 3-73）。

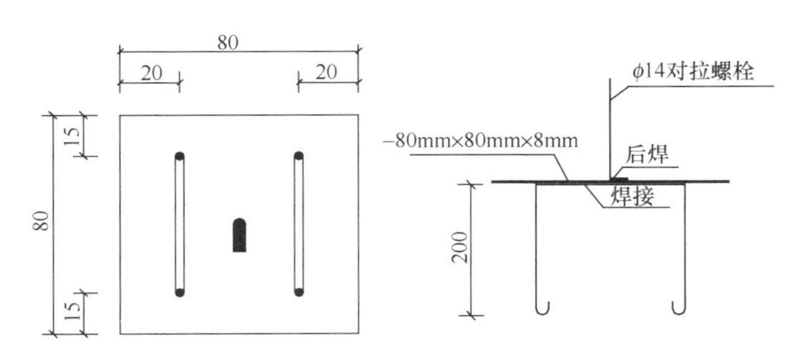

图 3-73 抗浮锚具示意图

（5）模板限位用螺纹钢筋代替钢管，做到重复利用，降低成本。

3.13.2 钢筋快速绑扎成型技术

由于每层浇筑高度处的池体曲率均不同，采用预先放大样、预弯角度、将水平钢筋先接长再穿入的做法，加快了施工进度，降低了劳动力费用支出。钢筋定位采用型钢或钢管支架。

壳体钢筋支架通过脚手架钢管来完成，方法为：在结构钢筋绑扎成型前，利用与外脚手架、内支撑架相连的径向 $\phi48$ 钢管来固定加工好的环形钢管，其环形钢管的尺寸按设计壳体相应施工段钢筋尺寸确定。将结构钢筋绑扎在环形钢管上，然后在钢筋绑扎完支设模板前将环形钢管拆除，循环利用，降低成本。

3.13.3 弧形脚手架搭设技术

卵形消化池弧形外脚手架是外形为全封闭圆柱体的内悬挑式脚手架体系。其搭设方式为在卵形消化池最大半径处采用双排脚手架，下部增设一排收缩脚手架，上部沿着消化池外壁的圆弧双曲变化搭设悬挑式脚手架（图 3-74、图 3-75）。

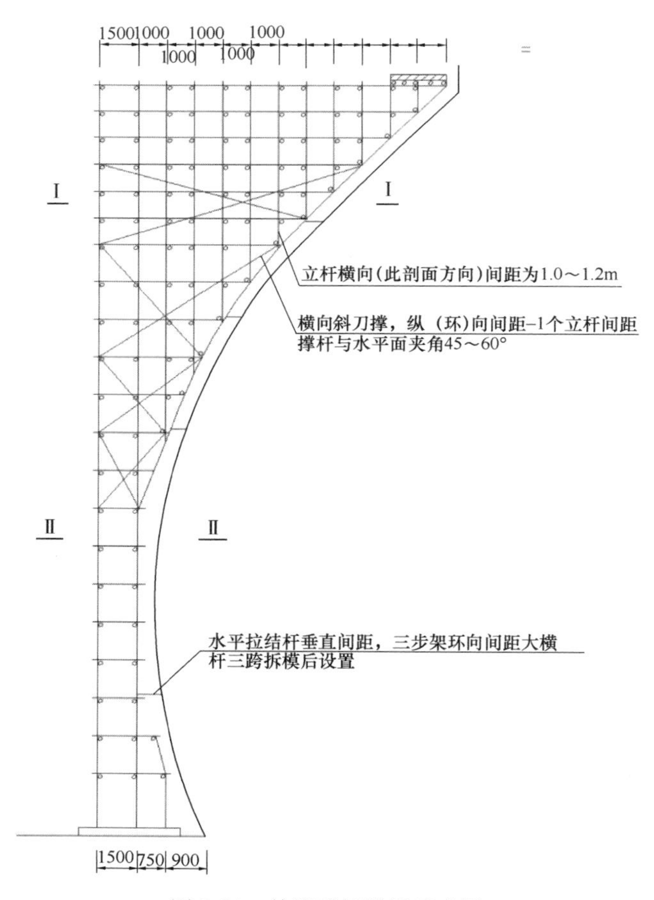

图 3-74　外脚手架搭设示意图

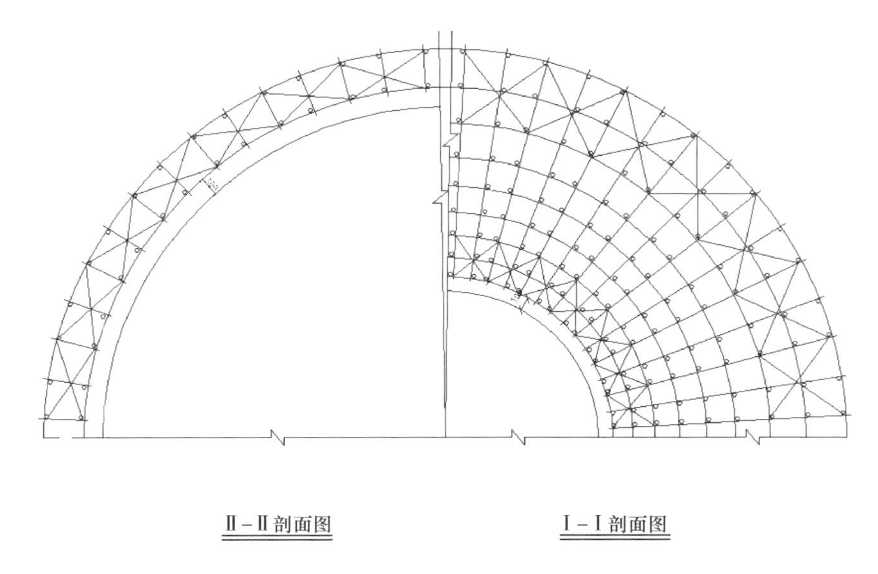

图 3-75 外脚手架搭设剖面图

3.13.4 双向预应力张拉技术

卵形池体设计的理想状态是：混凝土既不受拉也不受压。池体空载时，池壁混凝土呈受压状态，按设计负荷运行时，池壁混凝土处于平衡状态，这样可有效保证消化池的使用寿命。其关键是：池体中所有的预应力筋的张拉应力恰能达到设计预定值。

但相邻预应力筋之间、环向与竖向预应力筋之间彼此影响，后张拉的预应力筋会对先张拉的产生影响，至于影响多大，在国内鲜见定量报道。

为了得到最优的张拉顺序和一次张拉修正量，并掌握此类池体特点和规律，我们进行了如下研究：

（1）张拉顺序的影响

在国内，此类池体的预应力筋设计有两种方法：有粘结预应力和无粘结预应力；张拉方法也有两种：先张拉环向筋后张拉竖向筋，或先张拉竖向筋后张拉环向筋。

1）先张拉环向筋时，由于环梁或承台的刚度过大，在环梁（或承台）与池壁的相交区域出现了较大的拉应力，将导致环梁与池壁相交区域的混凝土发生拉裂现象；

2）先张拉竖向预应力筋，然后再张拉环向预应力筋，而环向筋按照先从下往上张拉奇数号再从上往下张拉偶数号预应力筋，最为合理、便捷。

（2）预应力筋张拉影响范围研究

1）卵形消化池。

① 单根预应力筋张拉引起的周围环向收缩有较为明显的分布区域，并且其大小和区域范围随单根张拉筋的位置不同而不同。环梁处预应力筋的张拉引起的周围预应力筋收缩值非常小，可以忽略。环梁到中部区域，影响范围在 9.72～10.89m；中部到顶部区域影响范围逐渐缩小，由 9.72m 递减到4.30m。

② 壁厚增加时，壳体处的环向收缩值相应减少，环向单根预应力筋处池壁收缩量，可用式（3-11）近似表达：

$$U\max(\theta,Q,y,E_c,H)=\frac{\sqrt[4]{3}Q\cdot\sin^2\theta\cdot y^{\frac{1}{2}}}{2E_c\cdot(H)^{\frac{3}{2}}} \tag{3-11}$$

卵形消化池的单根环向预应力筋处压缩池体位移是一个五元函数，与池壁厚度 $H^{\frac{3}{2}}$ 成反比，与环向预应力荷载 Q 成正比，与混凝土的弹性模量 E_c 成反比，与卵形消化池的水平半径 $y^{\frac{1}{2}}$ 成正比。

③ 单根预应力筋张拉时，对相邻钢筋的影响范围即池壁混凝土的收缩范围可用式（3-12）表达：

$$x(y,H)=\frac{3}{2\lambda}\pi=\frac{\sqrt[4]{27}\cdot\pi\cdot(yH)^{\frac{1}{2}}}{2} \tag{3-12}$$

单根预应力筋的影响范围是与 y、H 有关的函数，与卵形消化池的水平半径 $y^{\frac{1}{2}}$ 成正比，与卵形消化池的厚度 $H^{\frac{1}{2}}$ 成正比。

2）无盖预应力圆柱形水池单根预应力筋张拉影响。

不同位置单独张拉预应力筋时变形影响汇总见图 3-76。

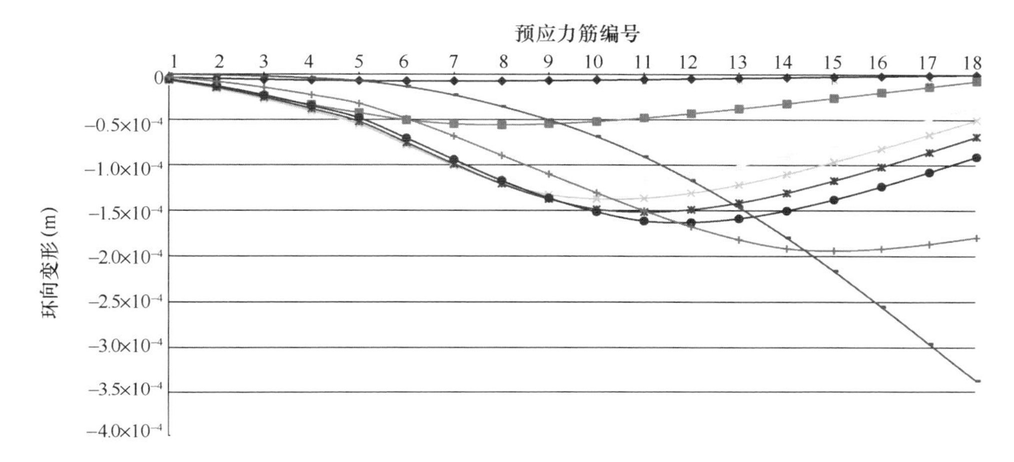

图 3-76 不同位置单独张拉预应力筋时变形影响汇总

3）有盖预应力圆柱形水池单根预应力筋张拉影响。

不同位置单独张拉预应力筋的变形影响汇总见图 3-77。

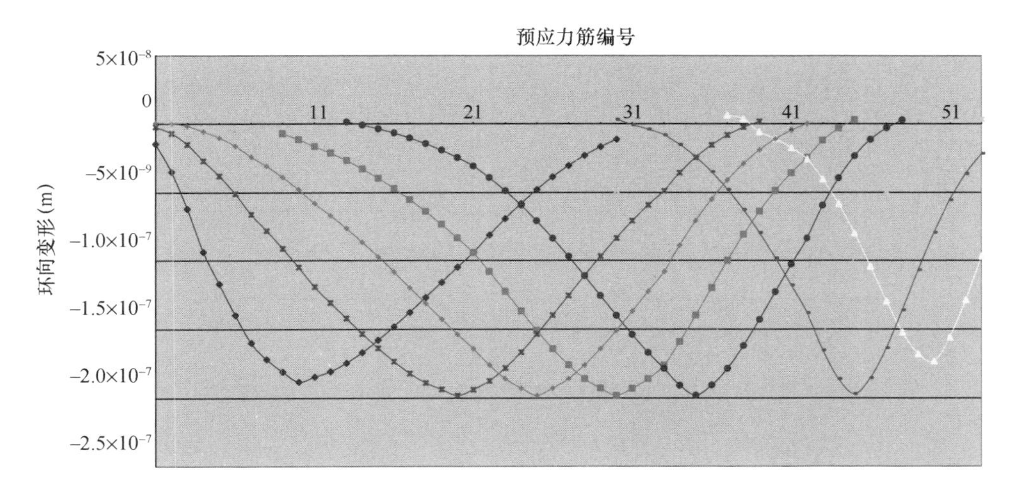

图 3-77 不同位置单独张拉预应力筋的变形影响汇总

（3）预应力筋的一次张拉修正值

1）卵形池体预应力修正值。

① 环向预应力筋修正值。

研究时采用结构应力倒推法来分析，即后张拉的预应力筋先拆除、先张拉的预应力筋最后拆除的原则，完成对预应力筋一次性张拉修正量的计算。

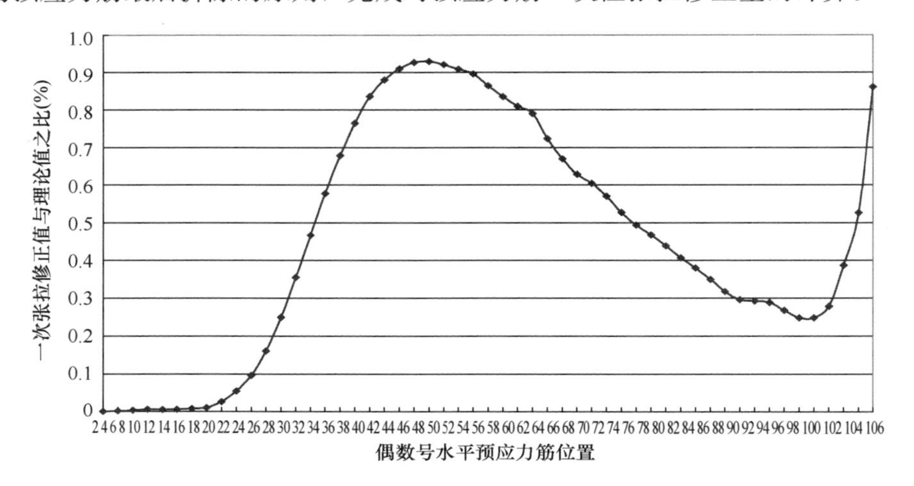

图 3-78　偶数号环向预应力筋半圈一次张拉修正值与理论值比值变化图

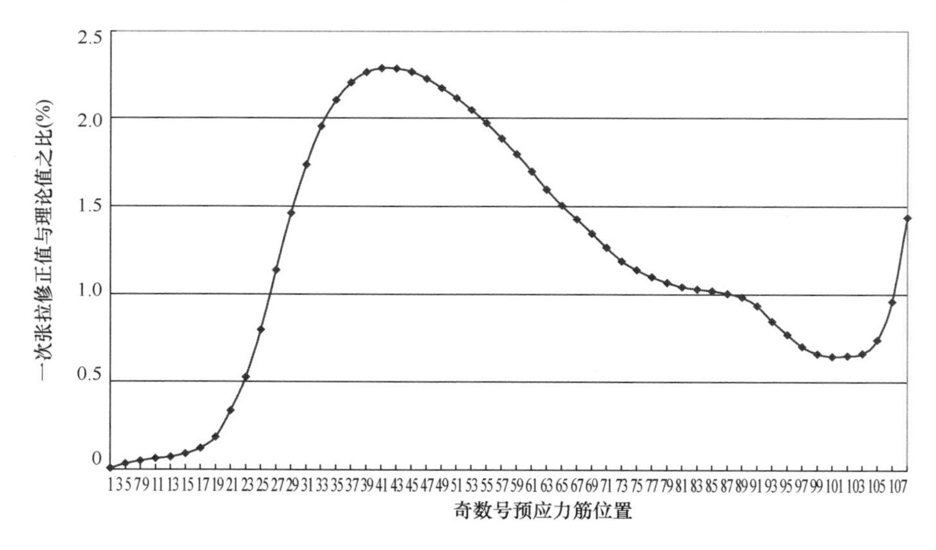

图 3-79　奇数号环向预应力筋半圈一次张拉修正值与理论值比值变化图

偶数号环向预应力筋半圈一次张拉修正值与理论值比值均小于 1%，而奇数号环向预应力筋半圈一次张拉修正值与理论值比值大部分大于 1%，最大达到了 2.289%，见图 3-78、图 3-79。

不同池壁厚度时预应力筋半圈一次张拉修正值与理论值比值变化见图 3-80。

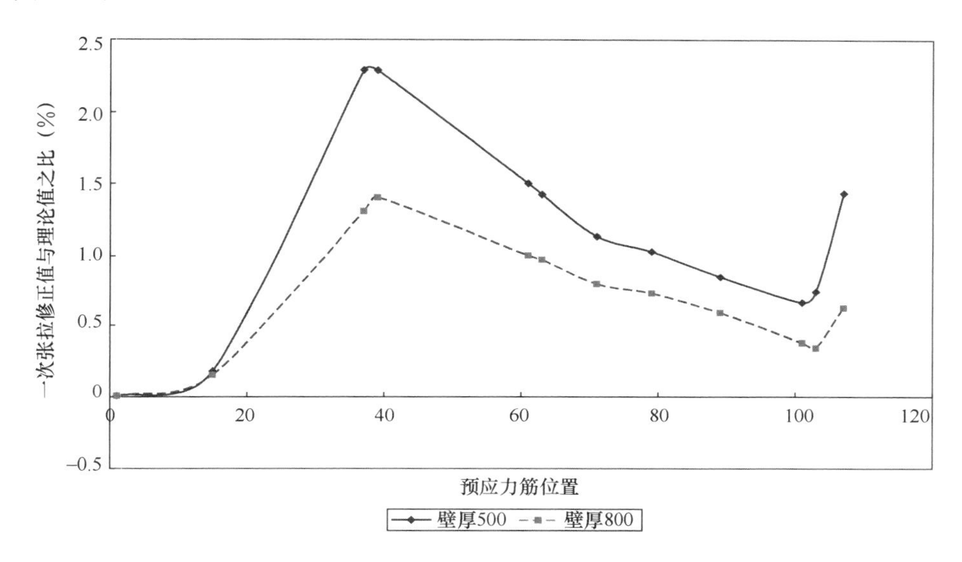

图 3-80 不同池壁厚度时预应力筋半圈一次张拉修正值与理论值比值变化图

② 竖向预应力筋一次张拉修正值的影响。

修正值与理论值的比值从 0.08%～0.48%，影响较小，可以忽略不计。

2）对无盖预应力圆柱形水池。

① 对于环向预应力筋的张拉来说，偶数号预应力筋张拉伸长值都小于 0.5%，可以不进行调整。

② 对于奇数号预应力筋来说，V7、V9…V17 号钢筋张拉伸长值需要进行调整：V17 张拉伸长值比理论计算张拉伸长值增大 0.7%；V11～V15 张拉伸长值比理论计算张拉伸长值增大 0.9%；V7～V9 张拉伸长值比理论计算张拉伸长值增大 0.7%，需要进行修正。

3）对有盖预应力圆柱形水池。

① 对于偶数号预应力筋来说，V12、V14…V42 号钢筋张拉伸长值需要进

行修正：V12～V14 张拉伸长值比理论计算张拉伸长值增大 0.7％；V16～V34 张拉伸长值比理论计算张拉伸长值增大 0.9％；V36～V42 张拉伸长值比理论计算张拉伸长值增大 0.6％，其余偶数号预应力筋不需要修正。

② 对于奇数号预应力筋来说，V3、V5…V51 号钢筋张拉伸长值需要进行修正：V3～V5 张拉伸长值比理论计算张拉伸长值增大 1.5％；V7～V41 张拉伸长值比理论计算张拉伸长值增大 2.5％；V43～V51 张拉伸长值比理论计算张拉伸长值增大 1％。而 V1、V53 号钢筋张拉伸长值较小，不需要进行调整。

4 专项技术研究

4.1 大型露天水池施工技术

污水处理厂的污水处理池，与一般建筑物、构筑物相比，具有形体变化小、尺寸定位准确、抗渗透能力强等特点。水池底板、池壁通常划分成数个单体或数个单块逐次浇筑，因此，预留洞口、对拉螺栓孔多，变形缝、施工缝多。如何控制池体尺寸、防止混凝土开裂及阻止接缝处的渗漏是施工中的关键控制技术。露天大型水池需要控制池壁的开裂和变形，因此预防开裂的措施及各种施工缝、变形缝的处理和设置方法，需要进一步研究。

露天水池中的沉淀池、生化池、部分消化池、污泥池等，从外形上看主要有圆形和矩形。大型污水处理厂的生化池、曝气沉淀池等矩形池一般尺寸为：长度100～170m、宽度80～110m、高度7m左右；沉砂池、污泥池等圆形池直径在50m甚至50m以上，具有容积大、超长、超宽的特点。主要研究混凝土裂缝防治技术、接缝的处理技术。

4.1.1 混凝土裂缝防治

1. 混凝土裂缝收缩产生的原因

（1）混凝土收缩

混凝土工程施工中，混凝土裂缝主要是由于混凝土的收缩引起的，收缩分为：自身水化收缩、塑性收缩、碳化收缩和失水收缩。

1）混凝土的组成材料中，砂、石起骨架作用，不参与化学反应，不会影响混凝土体积的变化。水泥浆体则通过一系列的物理、化学反应，逐渐硬化，将松散的砂、石粘结在一起，组成坚固的混凝土整体。从水泥的水化机理看，水泥水化前后反应物和生成物的平均密度不同，水泥浆的总体积在水化过程中不断减少，这就是水泥浆的减缩作用，亦即自身水化收缩。按水泥熟料中四种矿物的减缩作用，从大到小排序为：C_3A>C_4AF>C_3S>C_2S，优先选 C_3A 及 C_4AF 含量较低的水泥。

2）温度和湿度的变化，要引起水泥石中水分的变化，伴随着水泥石失水的过程，必然要引起水泥石的收缩。工程中混凝土的水分损失主要有两类：与相对湿度有关的干燥脱水和在高温作用下的温度脱水，统称为失水缩水。

3）产生碳化缩水的原因，是因为空气中的 CO_2 与水泥石中的 CaOH 反应，释放出水，水分蒸发引起体积缩小。但碳化需要一定的湿度条件，湿度达到 55%时，碳化收缩最大。

4）塑性收缩是由于混凝土的流动性不足或流动性过大，硬化前没有沉实或沉实不足或不均引起的，常在混凝土浇筑后 3h 内出现，主要由于未硬化混凝土拌合物不均匀造成的。

（2）混凝土收缩裂缝

混凝土收缩引起的裂缝主要有：干缩裂纹、塑性裂纹、温度裂纹、湿度裂纹。

因此，混凝土的收缩裂纹主要来源于水泥石的收缩和不均匀沉降。水泥用量大，水灰比大，温差大，相对湿度小，混凝土收缩就大。所以，要控制混凝土的裂纹，需要从材料、施工两方面来考虑。

2. 材料方面

（1）尽量减少水泥用量

对硅酸盐水泥来说，每 100g 水泥的体积减缩总量为：7～9mL。每立方米混凝土中水泥用量越多，体积收缩越大，如水泥用量为 400kg 时，每立方米混凝土体积减小量为 30L 左右；水泥用量 500kg 时，则减小量为 40L 左右，在满足设计、施工要求条件下，可以采用高强度等级的水泥配制低强度等级混凝土的办法，尽量减少水泥用量。

（2）选择适宜的水泥品种

水泥的收缩主要与水泥中的矿物成分含量有关，水泥中的熟料成分越多，收缩就越大。水泥按收缩值从大到小排列依次为：硅酸盐水泥＞普通水泥＞矿渣水泥。据试验数据证实，硅酸盐水泥和普通水泥混凝土的自身水化收缩是缩小变形，而矿渣水泥混凝土的自身水化收缩是膨胀变形，从降低混凝土收缩角度讲，矿渣水泥要优于普通水泥，但是矿渣的细度应小于 3200cm^2/g。

（3）掺加粉煤灰，适当提高粉煤灰的用量

试验数据表明，掺加粉煤灰后，其自身水化变形也是膨胀变形，尽管膨胀值较低，但其膨胀变形是稳定的，对提高混凝土的抗裂性是有益的；同时，粉煤灰掺入后，可以取代部分水泥，不仅降低混凝土成本，更能减少混凝土的开裂。

常用的掺合料主要有三种：矿渣粉、粉煤灰、膨胀剂。矿渣粉的细度在 4000cm^2/g 以上，比水泥的细度高，活性比粉煤灰高，但当矿渣粉的细度大于 3900cm^2/g 时，其收缩量要大于水泥，就现在常用的 S95 级矿渣粉而言，产掺量越大，混凝土收缩就越大，掺入即增大了收缩，使混凝土开裂的概率加大。

粉煤灰是玻璃珠体结构，掺加后，除可降低生产成本，更能增加混凝土的可泵送性能，使泵送过程中的摩擦阻力降低，混凝土的可分散性提高，且粉煤灰本身在水化过程中是体积微胀的过程，即可减少混凝土体积收缩，减轻开裂。但粉煤灰需要在碱性环境中进行二次水化，一般在混凝土浇筑 7d 之后才开始起化学反应。所以，前期养护至关重要，否则，混凝土干缩的概率更大。

膨胀剂在通常情况下，需水量比水泥大，掺加膨胀剂的混凝土，在水中养护时，体积是微膨胀的，但在空气中养护时，体积收缩率大于不掺加膨胀剂的混凝土。底板混凝土中可以掺加，利用基础底板的大体积来约束膨胀，形成自约束来抵消混凝土的收缩，同时，所处的环境潮湿，也便于其作用发挥，在薄壁构件特别是竖向构件中，因构件自身的约束不足，养护困难，掺加膨胀剂后反而使裂缝加剧，应慎重对待。

（4）合理选择外加剂

在泵送混凝土所用的外加剂中，泵送剂是多种组分的复合剂，常含有缓凝、引气、早强、减水等组分。外加剂减水效率高，可以降低水灰比，减少混凝土收缩，但引气、缓凝或早强等组分，又加大了混凝土收缩开裂的概率，需要在试验和实践中不断总结数据和经验，优选既满足使用要求、保水性好，收缩又小的外加剂。

（5）优化混凝土配合比

通常，每立方米混凝土中水泥用量大于350kg时，混凝土有开裂的危险，所以，对C30和C30以上强度等级的混凝土，应考虑采用42.5级以上的水泥来配制生产，为满足混凝土的施工可操作性，可掺入一定比例的粉煤灰来改善，粉煤灰掺量应满足施工要求，掺量越大，混凝土的早期强度越低，出现干缩裂纹的概率就越大，需要加强早期湿养护。

在砂、石储备条件具备的情况下，力争选用大粒径的连续粒级石子，因为石子粒径越大，砂率越小，所需包裹的水泥砂浆就少，水泥用量就能降低，混凝土的收缩就会减少，因水化热造成的温度裂纹的概率就能减少。

（6）降低混凝土入泵坍落度

从客观上讲，坍落度减小，有助于降低水灰比，减少由于沉降不均匀造成的塑性裂纹。

（7）加大石子用量，减少收缩

石子是混凝土的骨架，自身体积不会发生变化，石子的级配及平均颗粒粒径影响用水量大小。一般，石子的级配越好，石子的平均粒径越大，单方用水量越少，需要包裹石子的水泥浆相对就越少，混凝土的体积相对就越稳定。对非泵送混凝土，一般石子用量不宜少于1200kg/m^3，泵送混凝土在1050kg/m^{3}左右。石子用量小，并非如想象中一样，混凝土好振捣、易抹面、易出浆，事实正好相反。主要原因就是砂子用量大后，砂、石的比表面积增加，需要水泥浆量增加，同样水泥浆量下，混凝土出浆困难，否则，从混凝土和易性来讲，应该继续增加水泥浆量，客观上又增加了混凝土成本和加大了混凝土收缩。因此，在满足混凝土施工性能前提下，应加大单方混凝土石子用量。

（8）采用高效减水剂，减少用水量

水泥正常水化需水量为18%～23%，为满足施工要求，需水量一般在40%左右，多余的水主要用于改善混凝土拌合物的施工性能。

（9）提高混凝土耐久性，降低碱含量

对有碱含量要求的地区或构筑物，特别是存在碱活性或潜在碱活性的地区，应严格控制碱含量。

3. 施工措施

（1）注意振捣的时机

过振的混凝土，会在竖向混凝土构件的表面形成水渠，造成砂石下沉、水泥浆上浮，在构件的上表面产生塑性收缩，容易在混凝土楼板表面产生裂纹，这种裂纹常出现在结构的变截面处、梁板交界处、梁柱交界处及板肋交界处，深至钢筋表面。

（2）把握混凝土终凝前的二次抹压机会

混凝土施工时，边施工边抹光，由于混凝土的塑性收缩，需要二遍抹压，但第二次抹压的时机要掌握好，要在终凝前完成。太早，混凝土尚未完成塑性收缩，会再次开裂；太迟，则已形成的裂纹无法修补和愈合。所以，要掌握好时机，根据混凝土温度和当时的环境条件，依据经验来调整。

（3）加强保温、保湿养护

混凝土表面需要覆盖，以满足其水化环境，防止温度裂纹和湿度裂纹的发生，在温差大、风速大、相对湿度小的环境，尤应注意。多数裂纹发生在初春和炎热的夏季就证明了这一点。

（4）考虑构件尺寸

板厚小于13cm的构件，很容易裂开，且裂纹往往是贯通性的，会降低使用功能。这种构件必须考虑早期养护，对楼面浇筑时，应尽量采用降低混凝土坍落度、降低砂率的办法。

（5）按混凝土强度决定施工进度

因进度需要，过早进行下一道工序作业的现象不在少数，承重结构开裂也就不足为奇，这种现象在初春和暮秋时明显，气温低时，混凝土硬化时间长，为赶工期，在混凝土未完全凝固前上人施工，容易造成楼面等处开裂。

4.1.2 接缝的处理

大型水池施工中接缝较多，要考虑结构缝、施工缝等。在新老混凝土结合部位可留成杯口形、凸字形或采用橡胶止水带、钢板止水带等。大型污水处理厂的水池施工，当池底与池壁独立时，施工缝常留置成杯口形，变形缝、施工缝常采用橡胶止水带、钢板止水带等防止渗漏。

1. 橡胶止水带

橡胶止水带是利用橡胶的高弹性，在各种荷载作用下产生弹性变形，从而起到坚固密封，有效地防止建筑构造的漏水和渗水。主要适用于防水变形缝的施工，能满足建筑结构之间的伸缩要求，从根本上解决防水问题。

橡胶止水带的连接点一般设在平直段橡胶止水带与节点处橡胶止水带接头之间，接头有如下形式：平面“十”字接头、立体“T”字接头、平面“T”字接头（图 4-1）。

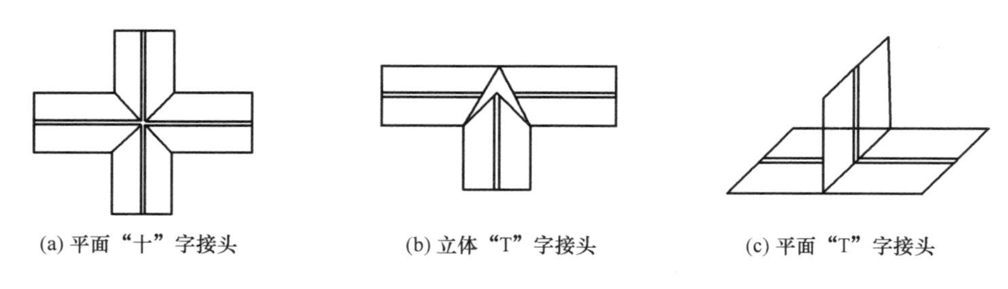

图 4-1　橡胶止水带接头形式

橡胶止水带连接一般有加热加压连接法（即热熔法）和胶粘连接法两种。用热熔法工艺时，应注意生胶条与橡胶止水带材料要相配套，便于在连接过程中加热即可形成与成品橡胶止水带相同的材质。

连接过程中采用电子测温全程监控加热温度。加热时，要不断用电子测温计测定模具表面温度，使其控制在 140～150℃之间，并在加热过程中，连续、均匀地拧紧模具上的每个加压螺栓，直至两侧的模具合拢为止（图 4-2）。

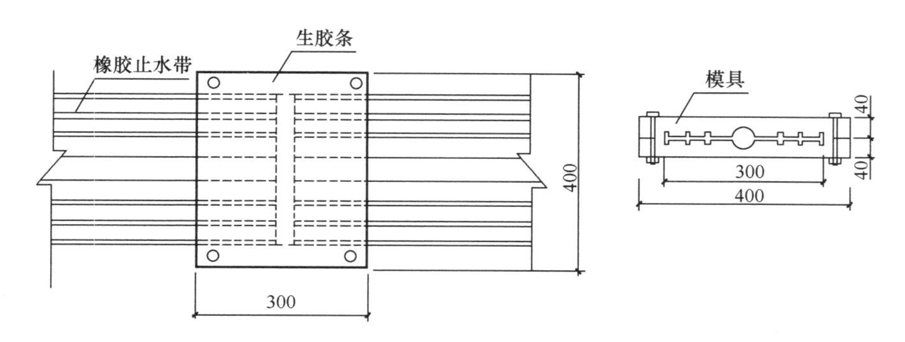

图 4-2 橡胶止水带连接示意图

加热加压连接过程的持续时间以 30min 左右为宜，如加热加压时间过短会引起接头内有气泡、连接不牢、接头处有接缝等影响连接强度和防水性能的质量缺陷；而加热加压时间过长或加热加压不均匀将引起接头橡胶止水带老化，严重的会产生焦糊，从而影响接头的防水性能。

加热加压连接完毕后，待接头处自然冷却后拆除模具，剪除因加压而挤出的多余的生胶带，并仔细检查，当发现上述质量缺陷时应立即去除缺陷部位或更换接头，重新进行连接，以杜绝施工质量隐患。

（1）橡胶止水带的安装

根据橡胶止水带的自身技术要求，橡胶止水带的中心圆环应置于变形缝的中心线位置上，以保证橡胶止水带在结构使用过程中仍能保证其自由伸缩，从而达到应有的防水抗渗的柔性连接作用（图 4-3）。

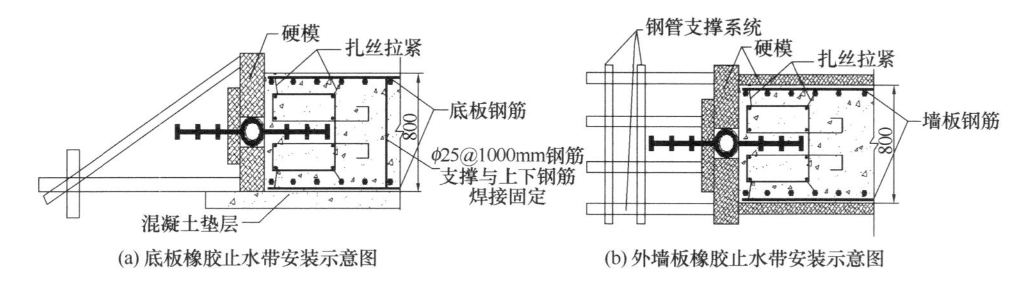

(a) 底板橡胶止水带安装示意图

(b) 外墙板橡胶止水带安装示意图

图 4-3 橡胶止水带安装示意图

止水带的安装要点：

1）保证模板位置的准确，并有足够的刚度和稳定性。

2）调整、复核橡胶止水带的中心圆环对准变形缝的中心。

3）模板外侧的止水带用木条上下夹紧，内侧止水带的上下部均采用钢丝或定位钢筋与主筋拉结，防止橡胶止水带移位。

4）橡胶止水带上禁止随意打眼，尤其在中心圆环上，否则，会引起变形缝处渗漏。

5）当橡胶止水带与施工缝处的钢板止水带相遇并搭接时，以半幅橡胶止水带的宽度（70mm）为宜，搭接过长，两止水带之间的缝隙会引起渗漏；搭接过短，会因为施工缝处的渗透线路短而降低结构的抗渗能力，如图4-4所示。

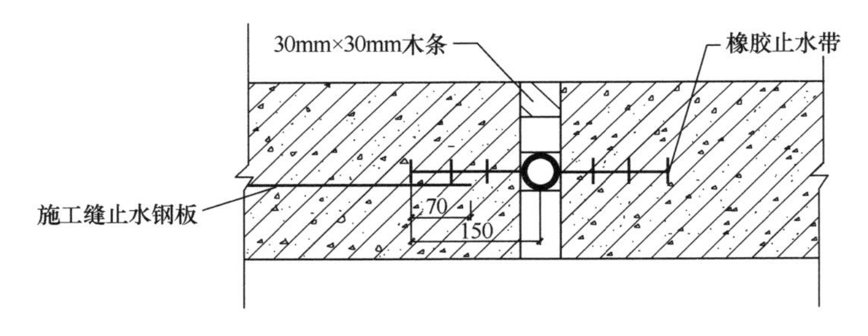

图4-4　橡胶止水带和钢板止水带搭接示意图

（2）混凝土浇筑

橡胶止水带处的混凝土施工质量对变形缝的抗渗能力有较大影响，因此，要对混凝土浇筑质量进行严格控制，以免影响止水效果。具体控制措施如下：

1）在混凝土浇筑前，要检查橡胶止水带的安装位置是否准确，止水带是否固定牢固。

2）橡胶止水带的两侧表面要清理干净，不得有砂浆、泥浆块、锯末等杂物。

3）混凝土料的质量要严格控制，水灰比不宜过大，不得出现混凝土离析或骨料集中等现象。

4）水平向的橡胶止水带外混凝土应分层浇筑，先将止水带底部灌满混凝土、振捣密实，赶出气泡后才能进行止水带上部混凝土的浇筑。

5）竖直向的橡胶止水带混凝土浇筑时，应在左右两侧对称下料，在振捣器的振捣下自然流淌而布满止水带的两侧，同时振捣密实。

6）橡胶止水带部位的混凝土浇筑必须充分振捣密实，但不可过振，以防跑浆；振捣过程中不得将振捣器直接接触止水带及两侧模板，如在浇筑过程中发现跑模或胀模、止水带移位等情况，必须立即进行处理。

7）严格控制止水带两侧模板的拆模时间，不得过早拆模，严禁随意拉扯混凝土已浇筑完毕部位的橡胶止水带。

8）做好已施工完成部位成橡胶止水带成品保护工作。

（3）橡胶止水带防水变形缝的施工

1）闭孔泡沫板的安装。

闭孔泡沫板在伸缩缝的一侧混凝土浇筑完毕拆模后紧贴混凝土侧面进行安装，为方便以后聚硫密封膏的填充，在施工变形缝的迎水面处安装闭孔泡沫板时，可通过埋设 30mm×30mm 的木方来预留嵌膏缝，但应在木条的顶部加压或固定好木条，以防止混凝土浇筑时泡沫板浮起。在另一侧混凝土浇筑完毕后，拆除木条即形成嵌膏缝。

2）变形缝处密封膏的施工。

填充聚硫密封膏时，应做好以下准备工作：

① 拆除木条后，对嵌膏槽进行修理，使嵌膏槽两侧平直、宽度一致，保证以后变形缝的美观；

② 清理嵌膏槽内的灰尘，并使嵌膏槽内保持充分的干燥；

③ 填充密封膏前应首先在嵌膏缝内均匀涂刷赛柏丝一道；

④ 聚硫密封膏嵌缝时，每条缝宜一次性连续做成，缝内密封膏药填塞密实，并用压条将表面压平，最后用铲刀清除多余的聚硫密封膏。聚硫密封膏分为水平缝型及竖缝型，两者不可混用。

2. 钢板止水带

钢板止水带主要用于施工缝处理中，一般宽度大于或等于400mm，厚度为3mm的钢板止水带，搭接长度应大于板宽的10%，双面满焊，焊缝均匀，无夹渣。每次浇筑完混凝土，要安排专人清洗止水钢板，保证止水钢板与混凝土良好的粘结。止水钢板用$\phi16$的钢管支撑，间距1m撑牢和固定。

4.1.3 其他控制措施

(1) 施工过程中要注意周边降水，防止池体上浮，避免混凝土池局部翘曲、开裂。

(2) 底板与池壁宜分块施工，减少整体收缩和应力集中。

(3) 对拉螺栓应采用止水螺栓。

(4) 施加预应力是抵抗混凝土自身抗拉应力、减少混凝土开裂或减轻混凝土裂缝的好方法。

(5) 池壁的竖向钢筋宜放在横向钢筋的内侧，否则，应在竖向钢筋的外侧另增加横向钢筋。

(6) 池体的迎水面混凝土宜增加钢筋网。

(7) 拆模时混凝土的表面温度与大气温度之差不应超过15℃，否则，应采取保温措施。

(8) 水池施工完毕，应按设计水位蓄水或应有完善的降水措施，避免水池上浮。

4.2 设备安装技术

污水处理系统机械设备主要分布于粗格栅间进水泵房、细格栅间、钟式沉砂池、厌氧池、氧化沟、终沉池、污水回流泵房、浓缩池、污泥脱水机房、剩余污泥泵房内。

污水处理设备通常分为通用设备和专用设备。通用设备包括：污水泵、计量泵、鼓风机、管材和配件等；专用设备包括：物化处理设备（含：拦污设备、加药设备、搅拌设备、气浮设备、过滤设备、撇油撇渣设备、沉淀排泥设备、电解设备、消毒设备、吸附设备、离子交换设备、除砂设备、污泥浓缩设备、污泥脱水设备、污泥焚烧设备）、生化处理设备（含：曝气设备、填料）、一体化处理设备。

专用设备包括转刷曝气机、回转式刮泥机、浓缩机、转鼓式污泥浓缩机、旋流式吸砂机、砂水分离器、粗格栅除污机、回转式固液分离器、螺旋输送机、加药装置、絮凝装置、搅拌机、各类泵、起重设备、启闭机、溢流堰等。设备种类、数量较多，分布范围广。

转刷曝气机、刮吸泥机、浓缩机、格栅除污机、转鼓式污泥浓缩机、泵类设备等的运输、就位和安装是本技术的重点。

4.2.1 设备安装技术通用要求

1. 施工顺序

（1）施工原则及顺序

设备安装原则为：根据业主提供的供货厂家设备到货时间一览表，施工时先主要后次要、先大型后小型、先上后下、先里后外、先特殊后一般，并优先考虑位置特殊、安装工作量大的设备。

（2）施工程序

施工准备→设备运输及开箱检验→基础验收、复核→放线→放置垫铁→吊装就位→找正找平→地脚螺栓灌浆→联轴对中→设备精平→二次灌浆抹面→拆洗组装→附属系统安装→电气仪表接线调试→附属系统试运转及调试→电动机空载试车→联轴机组空负荷试车→负荷试车→竣工验收。

2. 通用技术要求

（1）设备基础

土建工程应依照设计图纸和要求，浇筑机械或设备的基础；基础的混凝土强度等级、基面位置与高程应符合图纸和技术文件规定；混凝土强度不应低于设计强度的75%；预埋的地脚螺栓等预埋件，依照原机的出厂说明书要求进行施工，有关参数应符合规定要求，保证安装后机械的稳固性。

（2）设备开箱

按照安装要求，开箱逐台检查设备的外观和保护包装情况，按照装箱清单清点零件、部件、工具、附件、合格证和技术文件，并做出记录。

（3）设备定位

设备定位的基准线应以建（构）筑物柱子等的纵、横中心线或墙的边缘为准，其允许偏差为±10mm。设备定位时基准面与基准线的允许偏差，一般应符合表4-1的规定。

设备基准面与基准线的允许偏差 **表4-1**

项 目	允许偏差（mm）		项目	允许偏差（mm）	
	平面位置	标离		平面位置	标高
与其他设备无机械上的联系	±10	+20 −10	与其他设备有机械上的联系	±2	±1

设备找平时，必须符合设备技术文件的规定，一般横向水平度偏差为1mm/m、纵向水平度偏差为0.5mm/m。设备不应跨越地坪的伸缩缝或沉降缝。

（4）施工准备

1）根据施工图纸和技术要求，编制详细的施工方案，组织设备施工班组学习、熟悉施工图纸、随机文件及相关规范，掌握运输、安装、试车要领，并进行技术、安全交底。

2）备好施工用水源、电源，并备有必要的消防及照明器材；清理场地，保证道路畅通、现场整洁，具备大型机械作业条件；布置好储存库房，备齐施工机具、计量检测器具等，并根据施工需要和设备安装特点，准备好设备运输及吊装工具。

3）室内设备安装通道主要为各厂房门口通道，其他位置需预留时，要预先同业主协调，确保运输畅通。起重设备需先进行安装，以便于各厂房内设备的安装。

（5）设备装卸及运输

1）设备运抵现场后，大型设备可直接运至厂房或设备安装位置附近，以减少周转环节，降低在搬运过程中受损的可能性。设备运输及吊装中要注意设备保护，捆绑要有必要的保护措施，避免划伤设备，以保证设备运输及装卸安全。

2）设备在室外可直接用起重机装卸，用液压叉车、平板拖车或手动液压拖车运输。室内运输用手动液压拖车或直接用室内起重设备（捯链）运输、安装就位；室内无法利用时，根据设备的重量、体积和安装的空间，选择相应的吊装机具和吊装方法就位（龙门架、人字架等就位）。进水泵房设备安装，要在捯链安装完毕，接通临时电源调试好，并经有关部门验收后，利用捯链运输及吊装室内设备。

（6）设备开箱检验、基础复核、放线及垫铁布置

1）开箱验收。

设备运至基础附近后，按各类设备装箱清单、技术资料文件及规范要求进行开箱验收，并复核是否与设计相符，与设备相连的法兰要按设备法兰尺寸加工。对暂时不能安装的设备和零部件要放入临时库房，并封闭管口及开口部位，以防掉入杂物等；有些零部件的表面要涂防锈剂和采取防潮措施。随机的电气、仪表元件要放置在防潮、防尘的库房内，妥善保管。

2）设备基础检查。

安装前对基础进行外观检查，对其位置、标高及外形尺寸、预留孔洞、强度等进行全面的复测、检查。基础的外表不得有裂缝、孔洞、露筋等现象，基础上要明显标出标高基准线及纵横中心线。

设备基础允许偏差须符合表4-2的要求。

设备基础允许偏差 **表4-2**

项次	偏差名称	允许偏差值（mm）
1	基础坐标位置（纵、横轴线）	±20
2	基础各不同平面的标高	−20～0

续表

项次	偏差名称		允许偏差值（mm）
3	基础上平面外形尺寸		±20
	凸台上平面外形尺寸 凹穴尺寸		－20 ＋20
4	基础上平面的不水平度	每米 全长	5 10
5	竖向偏差	每米 全长	20
6	预埋地脚螺栓孔	中心位置 深度 孔壁的垂直度	±10 ＋20～0 10

基础验收合格，办理中间交接验收手续后，再进行放线工作，划出定位及安装基准线，对相互有关联或衔接的设备，按其关联或衔接的要求确定共同的基准。

3）地脚螺栓和灌浆。

地脚螺栓上的油脂和污垢应清除干净。地脚螺栓离孔壁应大于15mm。其底端不应碰孔底，螺纹部分应涂油脂。当拧紧螺母后，螺栓必须露出螺母1.5～5个螺距。灌浆处的基础或地坪表面应凿毛，被油玷污的混凝土应凿除，以保证灌浆质量。灌浆一般宜用细石混凝土（或水泥砂浆），其强度等级应比基础或地坪的混凝土等级高一级。灌浆时应密实。

4）清洗。

设备上需要装配的零、部件应根据装配顺序清洗洁净，并涂以适当的润滑脂。加工面上如有锈蚀或防锈漆，应进行除锈及清洗。各种管路也应进行清洗洁净并使之畅通。

5）设备装配。

① 滑动轴承装配。

同一传动中心上所有轴承中心应在一条直线上，即具有同轴性。轴承座必须紧密、牢靠地固定在机体上。机械运转时，轴承座不得与机体发生相对位移。轴瓦合缝处放置的垫片不应与轴接触，离轴瓦内径边缘一般不宜超过 1mm。

② 滚动轴承装配。

滚动轴承安装在对开式轴承座内时，轴承盖和轴承座的接合面间应无空隙，但轴承外圈两侧的瓦口处应留出一定的间隙。凡稀油润滑的轴承，不准加润滑脂；采用润滑脂润滑的轴承，装配后在轴承空腔内应注入相当于空腔容积 65％～80％的清洁润滑脂。滚动轴承允许采用机油加热进行热装，油的温度不得超过 100℃。

③ 联轴器装配。

各类联轴器的装配，应符合有关联轴器标准的规定。各类联轴器的轴向（x）、径向（y）、角向（α）许用补偿量见表 4-3。

联轴器各向许用补偿量　　**表 4-3**

形式	许用补偿量			形式	许用补偿量		
	x（mm）	y（mm）	α		x（mm）	y（mm）	α
锥销套筒联轴器		≤0.05		弹性联轴器		≤0.2	≤40°
刚性联轴器		≤0.03		柱销联轴器	0.5～3	0.2	30°
齿轮联轴器		0.4～6.3	≤30°	NZ 挠性爪形联轴器		0.01（轴径＋0.25）	≤40°

④ 传动皮带、链条和齿轮装配度。

每对皮带轮或链轮装配时，两轴的平行度不应大于 0.5/1000；两轮的轮宽中央平面应在同一平面上（指两轴平行），其偏移三角皮带轮或链轮不应超过 1mm，平皮带不应超过 1.5mm。

链轮必须牢固地装在轴上，并且轴肩与链轮端面的间隙不大于 0.1mm，链条与链轮啮合时，工作边必须拉紧。当链条与水平线夹角小于或等于 45°时，弛垂度应为两链轮中心距离的 2％；夹角大于 45°时，弛垂度应为两链轮中心距离的 1％～1.5％。主动链轮和被动链轮中心线重合，其偏移误差不得大于两链轮中心距的 2/1000。

安装好的齿轮和蜗杆传动的啮合间隙应符合相应的标准或设备技术文件规定。可逆传动的齿轮，两面均应检查。

6）密封件装配。

各种密封毡圈、毡垫、石棉绳等密封件装配前必须浸透油。钢板纸用热水泡软。O形橡胶密封圈，用于固定密封预压量为橡胶圆条直径的25%，用于运动密封预压量为橡胶圆条直径的15%。装配V形、Y形、U形密封圈，其唇边应对着被密封介质的压力方向。压装油浸石棉盘根，第一圈和最后一圈宜压装干石棉盘根，防止油渗出，盘根圈子的切口宜切成小于45°的剖口，相邻两圈的剖口应错开90°以上。

7）螺纹与销连接装配。

螺纹连接件装配时，螺栓头、螺母与连接件接触紧密后，螺栓应露出螺母2～4个螺距。不锈钢螺纹连接的螺纹部分应加润滑剂。用双螺母且不使用胶粘剂防松时，应将薄螺母装在厚螺母下。设备上装配的定位销，销与销孔间的接触面积不应小于65%，销装入孔的深度应符合规定，并能顺利取出。销装入后，不应使销受剪力。

8）过盈配合零件装配。

装配前，应测量孔和轴配合部分两端和中间的直径。每处在同一径向平面上互成90°位置上各测一次，得平均实测过盈值。压装前在配合表面均需加合适的润滑剂。压装时，必须与相关限位轴肩等靠紧，不准有串动的可能。实心轴与不通孔压装时，允许在配合轴颈表面磨制深度不大于0.5mm的弧形排气槽。

4.2.2 设备安装技术

4.2.2.1 刮泥机安装技术

使用于初沉池、二沉池、终沉池中的刮泥机，主要有全桥回转式刮泥机、全桥虹吸式刮泥机和半桥回转式刮泥机。

1. 全桥回转式刮泥机

适用于有中心支墩的给水工程和污水处理工程中沉淀池的排泥除渣，由工作桥、吸刮泥系统、中心支座、驱动装置、清洗系统、行走轮、出水堰板组成。一般，工作桥为箱式的铝合金材质，虹吸管支、吊架为不锈钢材质。工作桥分段连接，采用螺栓连接组对后，须进行接口焊接。中心支座及中心水槽为一个整体，池底设计为拉杆式锚桩，池底承重力较小，中心支座的吊装不能在池内完成，只能在池外进行，为保证桥体吊装的安全，桥体在池内组装，采用大型起重机在池外吊装。

工作原理：整机载荷都作用在工作桥上，而工作桥是由中心支座及滚轮两端来支承的。污水经池中心稳流筒均匀地流向四周。随着流速的降低，污水中的悬浮物沉淀于池底。刮泥板将沉淀的污泥收集到吸泥罩中，集水的静压力通过虹吸从污泥管中排出，浮在水面上的杂物通过池面撇渣装置将其收集于集渣斗里排出，详见图 4-5。

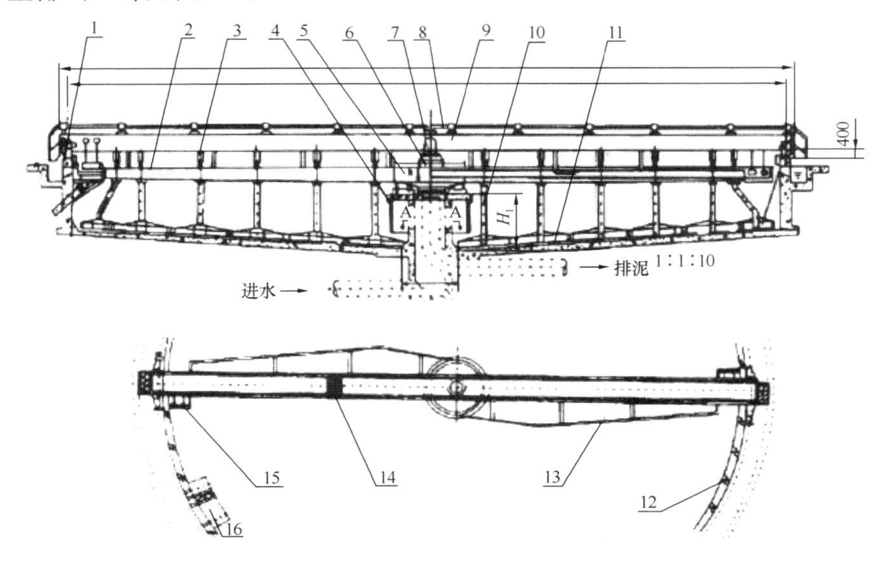

图 4-5　全桥回转式刮吸泥机

1—传动装置；2—排泥槽；3—椎阀；4—橡流筒；5—中心泥缸；6—中心筒；7—中心支座；8—输电线管；9—钢梁；10—吸泥管；11—刮板组合；12—溢流堰；13—浮液刮板；14—走道板；15—浮渣耙板；16—排渣斗

（1）安装流程

施工准备→设备运输及开箱检验→基础验收、复核→放线→桥体组对→中心支座、桥体吊装就位→找正找平→附件安装—设备精平→二次灌浆抹面→试运转。

（2）主要施工方法及技术要点

1）施工准备

① 平整、硬化道路及场地，场地平整好后再在池底铺设临时钢平台，钢平台的搭设材料为枕木、钢板。钢平台的组装精度（水平度）为 1/1000。

② 根据施工图纸和技术要求，组织刮泥机安装班组学习、熟悉施工图纸、随机文件及相关规范，掌握运输、安装、试车要领，并进行技术、安全交底；备好施工用电源，并备有必要的消防及照明器材，备齐施工机具、计量检测器具等。根据施工需要和设备安装特点，准备好设备运输及吊装机具。

③ 基础复测

安装前对基础进行外观检查，对其位置、标高及外形尺寸、预留孔洞、强度等进行全面的复测、检查，防止出现超差现象。基础的外表面不得有裂缝、孔洞、露筋等现象，基础上要明显标出标高基准线及纵横中心线。

④ 放线

在圆形中心支座平台上，放出相互垂直的中心线；在中心支座底面同样放出相互垂直的中心线，在中心支座就位时两中心线要重合。

2）桥体组对

刮泥机桥体的组对在预制好的钢平台上进行。组装过程中，用具有适宜起重能力的汽车起重机将桥体分段吊放入池内。在组装过程中注意桥体的变形。组装工作在已铺设的临时平台上进行。

刮泥机桥体的组对要按每段桥体的标号进行，桥体中心段与其中的一段半桥连接。桥体拱度的调整在半桥螺栓全部连接完成后进行，保证拱度在 40～60mm 之间。拱度调整通过在每两段桥体连接处加薄铝板进行。拱度调整合格后，拧紧螺栓，开始焊接。

3）吊装就位

吊装桥体前，要复检半桥的拱度，以防桥体焊接变形过大，影响整体安装质量；检查中心支座及各连接部件的准备情况，以保证吊装工作的顺利进行。

根据现场条件及技术要求，先进行中心支座吊装，再进行桥体吊装。吊装每一单体时都要进行试吊，以保证吊装的安全。铝合金桥体吊装时，钢丝绳与桥体不能直接接触，防止桥体被损坏及污染。

① 起重机的选用。根据中心支座重量、池体半径也就是指回转半径、起重量来选择。

② 钢丝绳及卡环的选用。根据所需的起重量及钢丝绳的主要数据表，选用钢丝绳、捆绑绳和卡环。

③ 绑扎点的选择。由于桥体组装后有拱度存在，在桥体组装完成后，完全正放在平台上（只有两头着地）也不发生变形，所以具体的绑扎点在保证吊装安全的前提下，可以随意选择。钢丝绳与桥体接触位置需垫木块，防止铝合金桥体被损坏及污染。

④ 吊装就位。中心支座及半桥组装好后，绑扎好钢丝绳，用1台选定的起重机吊装就位，并用临时支架支起，安装行走装置和驱动装置。先进行试吊，检查绑扎无异常后吊装就位，先吊装中心支座并粗平后，再吊装桥体。

4）附件安装

各附件安装要在设备制造厂家的指导下进行施工，注意在安装时考虑桥体的变形，要采用对称安装法，即在安装吸泥管支架、吸泥管、吸泥管罩时，须左右对称安装。

① 稳流筒安装。在现场四部分拼接后，要求筒体与中心轴线平行，平行度为±3mm。

② 吸泥管罩安装。调整吸泥管罩下部刮泥板与池底平行，其底面距池底距离保持30mm。

③ 浮渣刮板和撇渣装置安装。浮渣刮板距池中心端（装有橡胶板一端）

应紧贴中心水槽，另一端与排渣斗的间隙应适当，刮渣耙板将浮渣刮至排渣斗时，抬耙及放耙应灵活，无碰撞及卡阻现象。

④ 中间污泥槽安装。中心污泥槽内八只调节阀应上下灵活，槽内用于调节阀的丝杆上端（方形端）与桥上的对应孔必须一致；中间污泥槽槽面应水平，其水平度不得大于 3mm。

⑤ 虹吸主管安装。将虹吸主管安装在工作桥上，一端插入中间污泥槽内，另一端在中心水槽内，其出水口距槽内挡水圈的距离在 120mm 以上。

⑥ 虹吸系统安装。虹吸系统固定在桥靠近中心支座一端，就位后，其吸气总管与虹吸主管出口端连接，各连接处不允许漏气。

(3) 试运转

1) 试车前必须按规定加润滑油，中心支座的润滑轴承加 40 号以上润滑油；减速机加 40 号机械油。

2) 试运转时，设备运行平稳，无异常啮合杂声，试运行时间不得少于 4h。传动部分应转动灵活，无异常杂声及振动，电机发热正常；中心支座和集电环转动灵活，无卡阻现象，无异常杂声；行走轮无明显的跳动，如发现明显的跳动，立即重新校水平。

(4) 常见故障及排除方法

常见故障及排除方法见表 4-4。

常见故障及排除方法 **表 4-4**

序号	故障	产生原因	排除方法
1	不能启动与运转	(1) 电线断路； (2) 电压太低； (3) 滚动轮被异物卡住	(1) 检查熔断保险丝，接线是否牢固； (2) 调整电压或待电压升高稳定后再使用； (3) 排除异物
2	超负荷运转	(1) 行走轮装配间隙太小； (2) 异物卡住，带动运行	(1) 重新调整滚轮间隙； (2) 排除异物

续表

序号	故障	产生原因	排除方法
3	运转时不能排泥	（1）虹吸主管出气口不密封； （2）电磁阀安装反向； （3）真空水箱各接管处有漏气现象； （4）循环水未加入	（1）更换出气口接头处密封圈； （2）调整安装电磁阀方向； （3）逐个检查水箱各连接处漏气部位，重新安装，更换密封材料； （4）加入自来水至液面计中部
4	振动与噪声	（1）集电环装置中电刷安装位置不准（接触面积不足 1/2），造成电磁噪声； （2）吸泥管安装时未稳定，虹吸形成后产生共振	（1）调整电刷位置，使电刷圆弧接触面积大于 2/3 以上； （2）检查各吸泥管紧固情况，拧紧松动的部位

2. 全桥虹吸式刮泥机

虹吸式刮泥机安装于沉淀池池壁的轨道上。由桥体、中部连接桥体、轨道系统、行走机构、虹吸系统、池底刮泥刀、浮渣去除装置等组成。桥体分三段，分别用高强度螺栓连接，中部桥体由放置在污泥收集渠上的胶皮轮支撑。该设备的功能是收集池底沉淀的污泥，经虹吸管利用水位高程差排入污泥收集渠，收集水体表面漂浮的浮渣，排入浮渣槽内。

（1）施工流程

施工准备→设备开箱验收及二次搬运→基础验收、复核→放线→轨道铺设及安装→桥体吊装就位、组装→附件组装→找正找平→设备精平→轨道灌浆→试运行。

（2）主要施工方法及技术要点

1）施工准备

① 平整并清理场地，以保证设备运输及吊装就位时起重机的站位。

② 设备按装箱清单、技术资料进行开箱验收，并复核是否与设计文件相符，对暂时不能安装的零、部件放入临时库房，并认真做好设备开箱检验记录。

③ 设备安装前对基础外观进行检查，对标高及外形尺寸、预留孔洞、强度等进行全面的复测、检查，防止超差现象。基础外表不得有裂缝、孔洞、露

筋等现象，基础上要明显标出标高基准线及纵横中心线。要求如下：

池壁标高的允许偏差为±10mm；

池体的宽度允许偏差为±10mm；

池体的长度允许偏差为±20mm；

池体内污泥收集渠中心轴线间距的允许偏差为±10mm；

污泥收集渠渠顶标高的允许偏差为±10mm。

2）轨道铺设

轨道铺设前，应对钢轨的端面、直线度和扭曲进行检查，合格后方可铺设。当有弯曲、歪扭等变形时，应进行矫正，矫正后允许偏差应符合表4-5规定。

钢轨矫正后允许偏差 **表4-5**

序号	检验项目		允许偏差（mm）	检验频率		检验方法
				范围	点数	
1	钢轨直顺度	正面	$L/1500$，且不大于2	每根轨	1	沿钢轨拉通线取最大偏差点
		侧面	$L/1500$，且不大于2		2	
2	钢轨端面垂直度		1		2	用角尺量

注：L—钢轨长度。

刮泥机行走机构包括：行走轮（即从动轮）、传动轮（即主动轮）。电机动力输出轴上安装有齿轮驱动桥体行走。行走轮轨道为工字钢轨，传动轮轨道为齿条。铺设轨道前，应确定轨道的安装基准线；轨道的安装基准线宜为刮泥机行走轮的定位轴线；将工字钢轨与齿条用同一块垫板固定，因此，确定了安装基准线就可同时定出工字钢轨和齿条的安装位置，如图4-6所示。

先计算出两平行轨道中心线间的距离，放线时应先定出池体的中心线，池体的中心轴线宜为污泥收集渠的中心轴线，沿中心轴线向两边定出轨道的安装基准点，用经纬仪根据基准点定出安装基准线，弹出墨线。轨道的起点为出水渠侧壁1000m处，终点位置与入水渠侧壁共面。

铺设轨道时先将齿条用M16×60螺栓固定到垫板上，根据安装基准线调

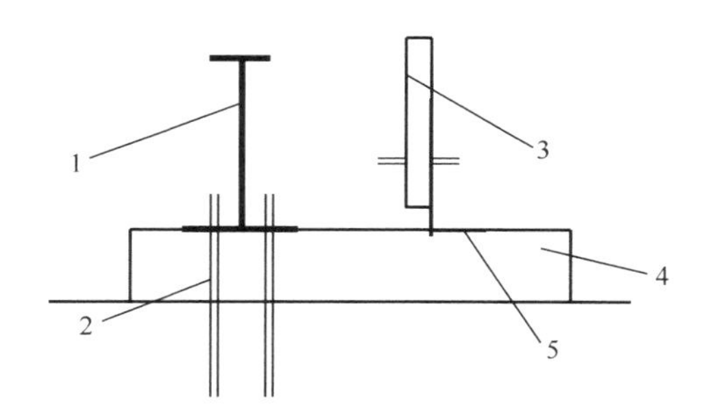

图 4-6 工字钢轨和齿条的安装位置

1—工字钢轨；2—化学螺栓；3—齿条；4—垫板；5—角钢

整齿条呈一直线，组装时应注意利用齿条的相对面调整齿条的啮合面，每个齿条都应检查。齿条接头间隙应控制在 5mm 之内。

垫板上放置工字钢轨，调整工字钢轨的中心线与安装基准线重合，标记出化学螺栓钻孔位置，在中间沉淀池池壁走道板上按标记位置钻直径为 18mm 的孔，钻孔时应达到要求的深度。清除孔内灰渣并用气囊吹扫干净，将整瓶化学药水塞入孔内，放入螺栓。待螺栓在孔内凝固后，复核中心桥体污泥收集渠上跑道的平直度，表面应平整、无裂缝，标高应符合要求，安装时根据定出的污泥收集渠的中心线，在跑道表面弹出中心桥体下部滚轮的轴线，用薄垫铁调整垫板到同一高度。

根据池壁标高用水准仪逐个测量垫板的标高，允许偏差为±5mm。

轨道上的车挡应安装在刮泥机刮泥刀的末点位置。工字钢轨与垫板间应放置橡胶垫，用夹板固定工字钢轨。在螺栓螺纹外露部分涂液体塑胶后再上紧螺母，以防螺栓连接松动。

轨道铺设允许偏差见表 4-6。

轨道铺设允许偏差 **表 4-6**

序号	检验项目	允许偏差（mm）	检验频率		检验方法
			范围	点数	
1	中心线位置	5	5m	1	用经纬仪测摄

续表

序号	检验项目	允许偏差（mm）	检验频率		检验方法
			范围	点数	
2	轨顶高程	±5	5m	1	用水准仪测量
3	轨道接头间隙	+5，−5	每个接头	1	用尺量
4	两平行轨道间距	±10	10m	1	用尺量
5	两平行轨道标高差	±5	10m	1	用水准仪测量

（3）桥体就位

在池内搭设可移动式脚手架，架宽约5m，长约3m，与池侧壁等高。桥体分三部分，即桥体1、桥体2、桥体3。吊装前应按照桥体上标注的1.1、1.2、LEFT、RIGHT等字样对应装配图按位置就位。桥体装配如图4-7所示。

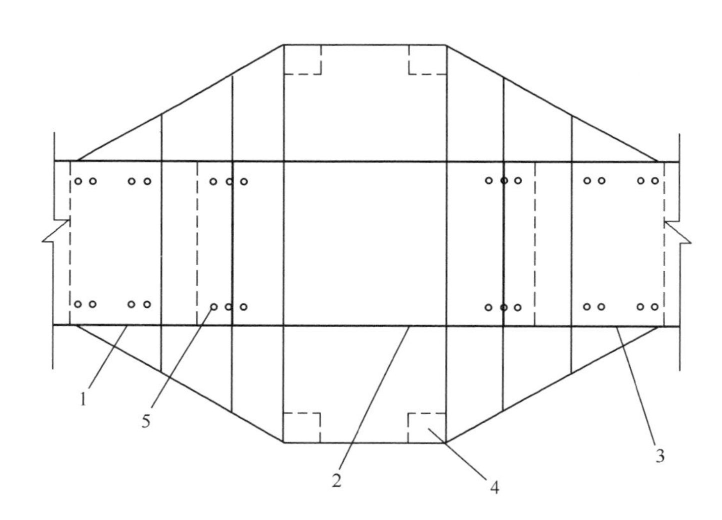

图4-7　桥体装配

1—桥体；2—桥体；3—桥体；4—滚轮；5—梯形连接板

桥体1一端与行走机构连接，一端与梯形连接板连接，连接板通过销钉与中心桥体连接，桥体3同桥体1，也通过销钉与中心桥体连接。

桥体三段的连接较为复杂，吊装前在池体外将桥体1、桥体3相同的四节桥体根据装配图标记出上、下部，与行走机构连接端及与中心桥体连接端，四桥体分别标记为 A、B、C、D。吊装时自右向左从 A～B 依次就位。

用 16t 起重机先将中心桥体 2 放置在污泥收集渠两侧的跑道上，吊装行走机构在池体北侧壁上，先吊装 A 段在池体北侧壁上，用螺栓在标记好的一端连接梯形连接板，另一端用螺栓固定在行走机构上。再吊起 A 段，拉动 A 段销钉孔对准中心桥体销钉孔，打入销钉，另一端放置在已铺设好的轨道上，注意齿轮与齿条应保证良好啮合。B、C、D 段同 A 段。

桥体安装完毕后，复测桥体的中心轴线，应保证三段桥体中心线的同轴度 1/1000 且不大于 20mm，桥体槽钢上表面水平度 1/1000 且不大于 20mm。

（4）附件组装

1）虹吸管及校准排空系统的安装

在桥体底部预留螺栓孔位置安装固定虹吸管的托架。将虹吸管垂直部分用螺栓固定到托架上，虹吸管垂直部分与水平部分采用由外方提供的管箍连接，安装如图 4-8 所示。

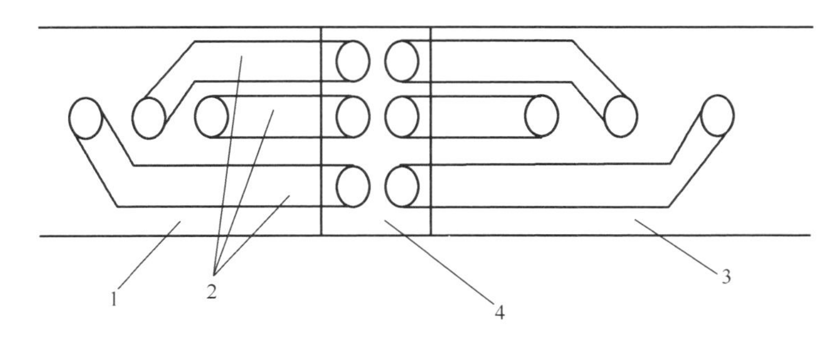

图 4-8 虹吸管及校准排空系统的安装图

1—桥体；2—虹吸管；3—桥体；4—中心桥体

虹吸管利用池体内与污泥收集渠内水位的高差将收集的污泥吸入污泥收集渠内。在池体内的虹吸管底部连接有刮泥刀，其结构呈如图 4-9 所示。

此结构便于收集污泥到虹吸管处，安装刮泥刀时应调整其高度，使其与池体底部地面有轻微的压力。

为使虹吸管正常工作，必须有校准和排空系统。排空系统有排空器和排空

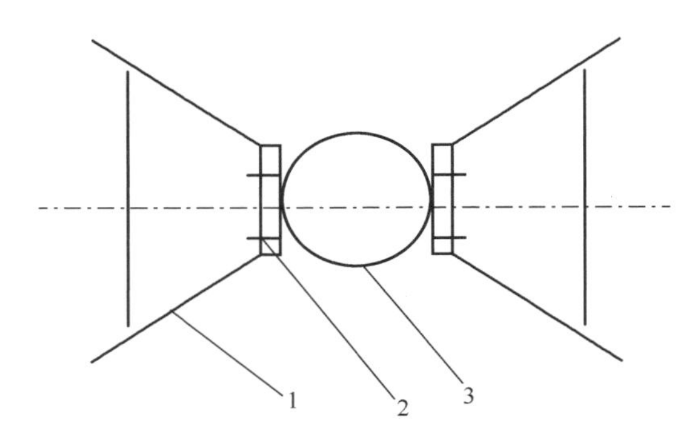

图 4-9　虹吸管结构图

1—刮泥刀；2—螺栓；3—虹吸管

阀。安装时将校准杆放入排空器的预留孔内并固定，另一端连接到角钢上，校准杆是为了调整虹吸管与排空器的距离，其长度可通过调整角钢上的校准丝杠四方螺母来实现。校准丝杠固定在桥体大梁上。排空阀连接到虹吸管上部，从中心桥体走道板上预留的直径为 100mm 的孔穿出。

2）浮渣去除装置的安装

中间沉淀池浮渣槽是混凝土结构，位于池体的侧壁，其上口比池内标准水位略高，设计为便于收集浮渣的结构，如图 4-10 所示。

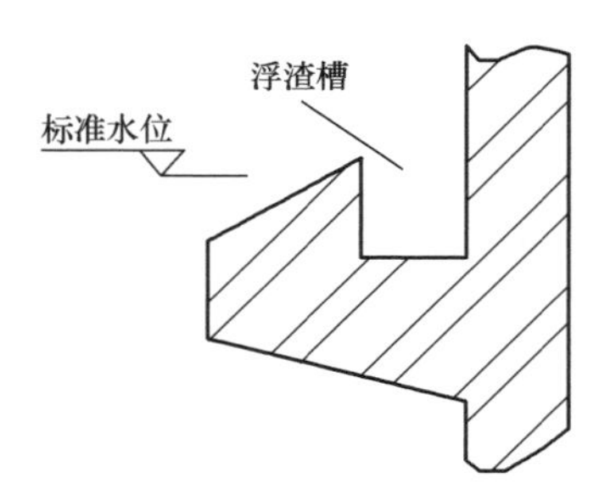

图 4-10　浮渣去除装置

工作时，刮泥机由池体一端运动到浮渣槽端，将浮渣刮刀收集的浮渣由槽外侧沿斜坡刮入浮渣槽内。此装置的难点为控制刮刀的动作。在桥体底部连接浮渣刀的固定梁，梁底端与刮刀臂用销钉连接。设计时，刮刀的起升由安装于桥体大梁上的起升电机实现。电机轴通过联轴节与钢绳鼓轮轴相连。电机转动时，电机轴通过联轴节将扭力传递给钢绳鼓轮，使钢绳收短或伸长，以带动浮渣刮刀的起升。最后，将起升钢绳的配重块安装到刮刀臂上。安全钢绳一端连接在刮刀臂的角钢上，一端与固定梁的顶端相连。调整时，将浮渣刀放入池内，根据刮刀运行时的最低位置确定其长度，过长时可将其截短。

3. 半桥回转式刮泥机

半桥回转式刮泥机由工作桥体、中心轴承座、池底刮泥系统、驱动装置、清洗装置、浮渣去除装置、行走轮、潜没出水系统组成。刮泥机的主要功能是将污水中污泥沉淀并收集到池底，通过污泥管道输送到污泥泵房，去除水体表面漂浮的浮渣。该设备重量大、长度长，需进行现场组装，组装时必须搭设脚手架（图 4-11）。

图 4-11 半桥回转式刮泥机

（1）施工流程

施工准备→设备开箱验收→基础复核、验收→放线→中心轴承座组对、就位→桥体吊装→桥体组对→找正找平→附件安装→设备精平→试运转。

（2）主要施工方法及技术要求

1）施工准备

① 平整场地。将进场路面用推土机推平，然后用打夯机压实，以保证设备运输及吊装就位时起重机的站位。

② 设备开箱验收。设备按装箱清单、技术资料进行开箱验收，并复核是

否与设计文件相符，对暂时不能安装的零、部件放入临时库房，并认真做好设备开箱检验记录。

③ 基础复核。设备安装前对基础外观进行检查，对标高及外形尺寸、预留孔洞、强度等进行全面的复测、检查，防止超差现象。基础外表不得有裂缝、孔洞、露筋等现象，基础上要明显标出标高基准线及纵横中心线。要求如下：

池体直径的允许偏差为±20mm；

池体中心的允许偏差为±20mm；

池壁底板标高允许偏差为±10mm；

中心柱基础标高允许偏差为±10mm。

2）中心轴承座安装

中心轴承座安装于池体中心。安装前进行池体中心找正，根据池体中心定出中心轴承基座螺栓孔位置，用垫片调整使中心轴承基座标高位于指定标高处。中心轴承基座与中心柱混凝土基础采用化学螺栓锚固。锚固方法如下：用钻机在混凝土基础上按设计要求钻孔，清除孔内灰渣并用气囊吹扫干净，将整瓶化学药水塞入孔内，放入螺栓。在螺栓螺纹外露部分涂液体塑胶后再上紧螺母，以防螺栓连接松动（遇有化学螺栓锚固时施工方法同上）。安装基座完毕后，将中心轴承用螺栓固定在基座上。

3）桥体的安装

最终沉淀池刮泥机桥体一般大于20m。根据现场条件及技术要求，用16t起重机联合脚手架作业。脚手架沿池体半径方向铺设，上铺滚杠，滚杠采用ϕ219钢管，每4m铺设一根。吊装前，必须对桥体受损的防腐涂层进行修补，涂装方法按设计要求或方案规定。桥体末端有明显的焊接标记区，用磨光机清除掉表面涂层，吊装前必须明确两节桥体的安装位置。

用16t起重机将第一节桥体吊至脚手架上，通过绳索用人力拉动桥体向池体中心移动，第一节桥体就位后，吊装第二节桥体到设计位置。起重机站位如图4-12所示。

将两节桥体对正找平后，进行焊接。桥体焊接区域不允许出现向下的弯

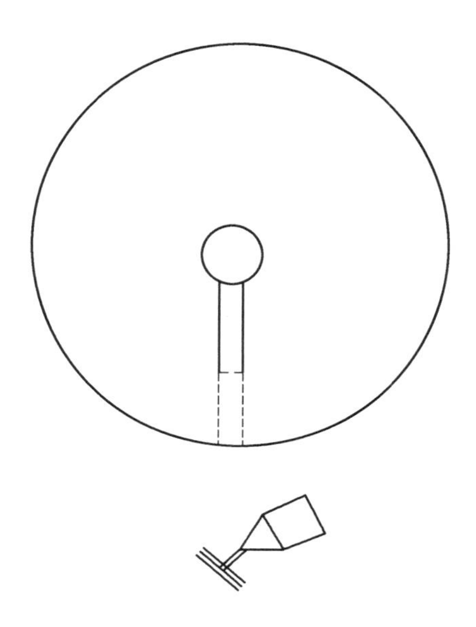

图 4-12 起重机站位

曲、变形，可出现向上拱起的弧度，约为 10mm，对焊间隙为 2mm，如图 4-13所示。

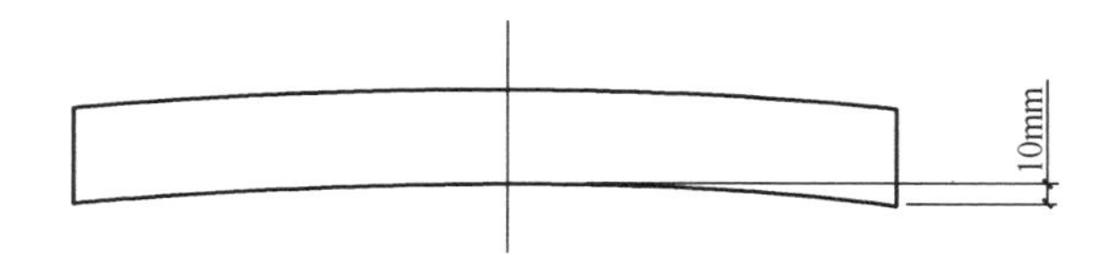

图 4-13 桥体焊接区域弯曲尺寸

先点焊，由两名焊工在桥体两侧同时进行，为防止桥体焊接变形，点焊顺序如图 4-14 所示。

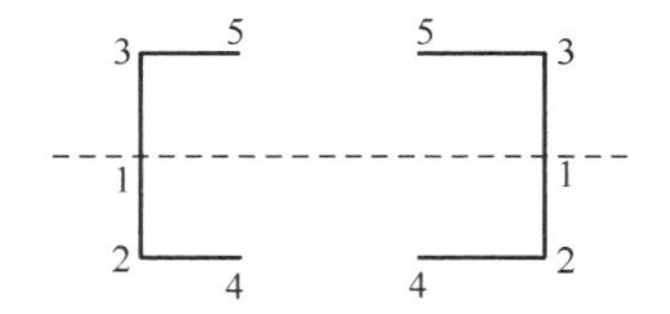

图 4-14 桥体点焊顺序

桥体就位后，用临时支架支起，组装栏杆和走道板，安装行走驱动装置，连接中心轴承，调整行走轮和桥体的角度，使桥体在池壁上运行时满足设计要求。

4）底部刮泥系统的安装

刮泥刀在池底组装。用连接板连接刮泥刀，按照桥体底端预留孔的距离安装刮泥刀固定框架，再连接加强杆和横撑。此部分支撑多，要求严格按照图纸施工。最后安装连接在刮泥刀上的支持滚轮。调节滚轮高度，使刮泥刀底部的橡胶片与池底地面接触。开动安装好的运行机构，边运行边调整滚轮高度，使刮泥刀底部橡胶片在池底任意位置与池底地面良好接触。

5）浮渣去除装置的安装

浮渣去除装置是终沉池设备最多、安装精度要求高、运行复杂的装置。安装顺序如下：在桥体上连接方向控制器，然后在方向控制器中插入带导向轮的支架并连接；在方向控制器与桥体间连接好驱动装置，将驱动装置上的套筒固定到导向轮支架上；在导向轮支架上连接浮渣刮刀支架，将浮渣刮刀连接到支架上，刮刀的运行高度通过以下方法调整：驱动装置上的丝杠；限位开关；池中标准水位线。

调整好后，将浮渣刮刀用U形连接片固定在支架上，使其可在支架上滑动。开动运行装置试运行，根据浮渣槽的安装高度调整浮渣刮刀的安装高度。

然后进行浮渣叶片的安装。在桥体底部固定支架；用销钉连接叶片；靠近浮渣槽的叶片与桥体下部预留孔内连接圆环状销钉，用钢索穿过销钉连接，调整钢索长度，使靠近浮渣槽的叶片给远离浮渣槽的叶片轻微的拉力。

用临时支架将浮渣槽在池中固定，使排渣管口中心与池壁预留孔中心在同一铅垂线上，调整槽的边缘位置，使其与标准水位标高在同一水平高度上。池内壁钻孔，用化学螺栓将浮渣槽固定在池内壁上；连接固定支撑支架，在距离池体上表面一定处用［形板连接两根支架，两杆在池内壁上间距为200mm。将胶皮管固定到浮渣管口上并连接浮渣管，下部插入池内壁的预留孔中找正找平后焊接，然后用混凝土灌浆，将预留孔填平压实并做水体渗漏试验，不漏水为合格。

依照图纸，在池内壁上用化学螺栓固定控制叶片的支架，将叶片的两端分别固定在支架和浮渣槽的末端。在中心柱边缘安装浮渣去除装置的限位开关。

6）清洗系统的安装

组装好喷头并固定在支架上，用锁链与桥体下端相连，将潜水泵用锁链固定到桥体上，喷头与潜水泵间用胶皮管连接。桥体试运行，通过锁链调整喷头高度。

（3）试运转

所有设备安装完毕后，进行试运转。设备运行平稳，无异常啮合杂声，试运行时间不得少于 8h，带负荷试运行时，启动转速、功率应符合设备技术文件要求。试运行前，必须依照润滑计划对传动部分、旋转机构进行润滑。

4. 设备防护

（1）化学螺栓锚固前必须清除掉螺栓表面的油污、杂物。

（2）设备吊装过程中，捆绑必须采取保护措施，与吊链接触处应加垫木块，防止划伤设备。

（3）设备运抵安装现场到就位过程中，应采取保护措施，保证设备无划伤、损坏现象。

（4）安装作业时，应保证池体内环境干燥。

（5）到货设备入库时，应认真做好标记，标记内容应包括：装配图号、图号对应之安装位置号，根据装配图号将设备零、部件分别摆放。

（6）入库的零、部件应依照设计要求，采取防锈、防尘、防潮措施。

4.2.2.2 粗细格栅除污机安装技术

回转式固液分离机是水源的预处理设备之一，广泛应用于给水排水工程，对进水口水源中的漂浮夹杂物，如水草、根、茎叶、竹木垃圾、抛弃物及动物尸体等进行拦截和提升后自动清除，以保证后续各水处理工序设备，尤其是泵站水泵的正常运转。

格栅除污机一般安装在进水泵房前段，其作用原理是通过循环运转的除污机清除掉“原水”中的大颗粒杂质（包括塑料袋、木棒等）。一般情况下，清理后的杂物通过螺旋输送机、栅渣压实机处理后外运。

1. 回转式格栅除污机（粗格栅）安装

回转式格栅除污机由驱动装置、机架、耙栅系统及电气系统等组成（图 4-15）。驱动装置采用摆线针轮减速机。耙栅系统由耙齿、套筒滚子链及栅体组成。耙齿与特制套筒滚子链装配后在减速机驱动下围绕栅体作回转运动，被栅体截留的杂物随耙齿的向上运动而与液体分离，然后耙齿沿滑槽板继续上升，当耙齿运动到设备上部后，经导向装置后反转，杂物在滑槽板上由耙齿推动继续向前，然后靠自重落下。

图 4-15　回转式格栅除污机

（1）施工流程

施工准备→设备开箱验收→预留、预埋复核、验收→放线→格栅框架吊装→耙齿、传动系统安装→设备精平→试运转。

（2）施工技术要求

1）施工准备

① 预留、预埋复核、验收。

首先检查核对池底部位的预埋件尺寸及水平、标高等是否符合图纸要求，再检查格栅上部传动机械部位的固定预埋件位置、标高及尺寸是否正确，用吊线法到池底，检查垂线与池底埋件距离是否符合图纸要求。

② 格栅框架吊装。

格栅采用汽车起重机整体吊入池内就位，上部就位于池盖上的预埋钢板支撑架上。利用垫铁调整底座及上部结构的水平度，调整合格后将底座点焊固定。由于格栅清污机的框架为整体，设备底座与上部结构在制造时本身就具有70°的倾斜角度，在安装时复查它的倾斜角，并用水平尺检查传动轴部位水平度是否在0.1mm/m以内。

③ 耙齿、传动系统安装。

待外框安装完，各部位尺寸及水平度、倾斜角都符合要求后，再组装格栅上的耙齿和传动部分等其余部件。全部安装好后上好润滑油，用手转动盘车，转动灵活、无卡阻现象和不正常响声后，再进行试车。

2）格栅安装时的定位允许偏差和安装允许偏差，见表4-7、表4-8。

格栅安装时的定位允许偏差　　表4-7

项目	允许偏差（mm）		
	平面位置	标高位置	安装要求
格栅安装后位置与设计位置	≤20	≤30	
格栅安装在工字钢支架		<5	两工字钢平行度小于2，焊接牢固

格栅安装允许偏差　　表4-8

项目	允许偏差					
	角度	错落	中心线平行度	水平度	不直度	平行度（mm）
格栅与格栅井	复核设计要求		<1/1000			
格栅、栅片组合		<4mm				
机架				<1/1000		
导轨					0.5/1000	导轨间≤3
导轨与栅片组合						≤3

3）格栅调整和试运转要求，见表 4-9。

格栅调整和试运转要求 **表 4-9**

项目	检查结果
左右两侧钢丝绳或链条与耙齿动作	同步动作，耙齿运行时水平
耙齿与格栅片	啮合时耙齿与格栅片间隙均匀，保持 3～5mm，耙齿与格栅水平，不得碰撞
各限位开关	动作及时，安全可靠，不得有卡住现象
导轨与两侧距离	间隙 5mm 左右，运行时不得有导轨抖动现象
滚轮与导向滑槽	两侧滚轮应同时滚动，至少保持有 2 只滚轮在滚动
链轮	主、从动链轮中心面应在同一平面上，不重合度不大于两轮中心距的 2/1000
试运行	用手动或自动操作，全程动作各 5 次，动作准确无误，无抖动卡阻现象

2. 牵引式格栅除污机安装要点

牵引式格栅除污机主要由机架、链轮、提升链条、耙齿斗、驱动减速传动机构、防护罩等部件组成。用于拦截城市污水处理厂中污水中未被粗格栅去除的较小的杂物。其工作原理为：工作时，机架下端格栅浸没于进水渠，拦截水源中大于 5mm 的杂物，由固定于提升链上的回转耙齿链排在减速电机的驱动下，沿两侧同步按迎水面上行并绕机体回转运行，携带被截存在耙齿上的杂物脱离水面。当链条上行，带动耙齿链转过格栅顶部时，耙齿翻下，杂物在自重力与刮渣机构的共同作用下，通过封闭的出料口进入螺旋输送机送到栅渣压实机，经压实处理后用小车运走。由此完成对水源中漂浮物的去除。

为保证设备性能要求，安装调试过程中控制各零部件质量精度的同时，安装传动系统主体部分的机架平台应在组焊后进行整体机架加工，以提高传动系统的装配精度，如图 4-16 所示。

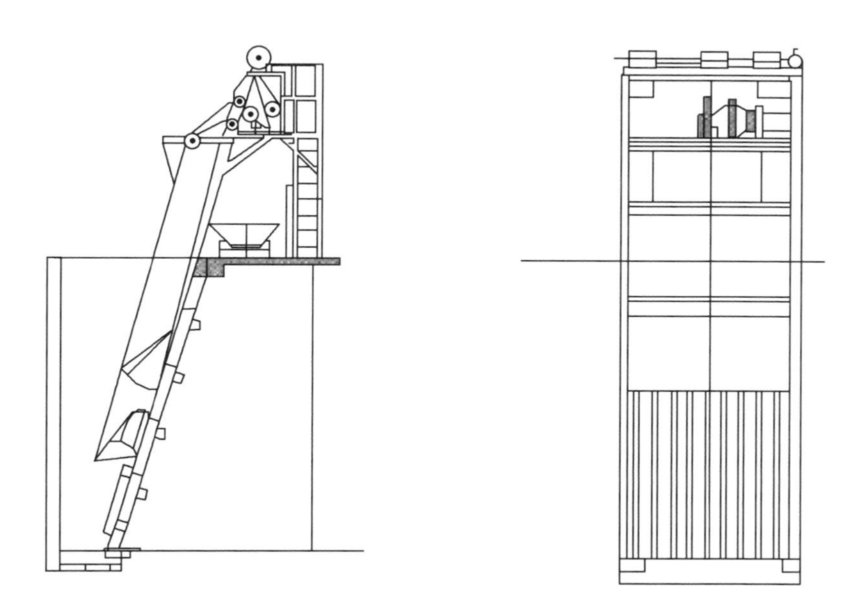

图 4-16 钢丝绳牵引式格栅除污机示意图

（1）安装前准备工作

先检查格栅渠道尺寸是否合格，渠道两侧与底部的垂直度不得超过20mm，平面度误差不得超过 25mm。安装时，在水渠基础上设置支撑和固定设备的钢结构支架，然后正式安装设备。

（2）格栅除污机安装

安装时，采用整机吊装。吊装过程中，吊点在格栅上部的两个吊耳上，底部捆一吊绳，为两台起重机三吊点吊装。

就位于格栅渠道时，以格栅上部两吊耳为吊点，吊绳及捯链必须挂放自由，让其自由受力，格栅与水平线夹角不得小于 60°（吊绳不能捆绑上部框架，因为框架不足以承受机体重量），缓慢地在两主支腿间下落格栅，下落时要平行于渠道，如图 4-17 所示。

将格栅连接板和主支腿螺栓孔对准，穿上螺栓不固定，如图 4-17 所示。继续下落格栅，注意不能碰到顶部驱动装置，直到底板准确靠在渠道底部，调整倾角大约为 80°。

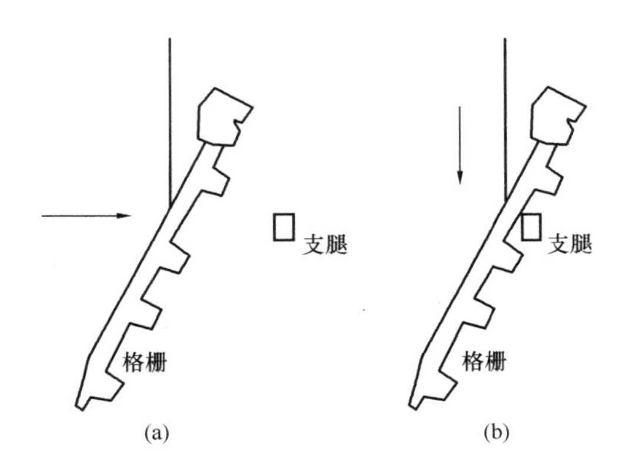

图 4-17 格栅吊装示意图

检查两个主支腿是否平行，用膨胀螺栓固定在基础上，然后将格栅连接板和主支腿连接螺栓拧紧；最后将格栅底两侧连接板（扭臂）用膨胀螺栓固定在墙壁预埋铁上。

格栅安装完成后，在机架与渠道的两侧应用橡胶板进行密封，以防止从间隙过水。

（3）调整和试运转

1）调试步骤

按要求加油→调整链条→调整链条托板→使耙齿进入格栅间隙内→调整耙架限位轮→调整清耙位置→注入润滑脂→负荷运转。

2）重点检查项目和结果，见表 4-10。

重点检查项目和结果 **表 4-10**

项目	检查结果
左、右两侧钢丝绳或链条与耙齿动作	同步动作；耙齿运行时保证水平；耙齿与格栅片开合动作到位，并与差动机构协调
耙齿与格栅片	啮合时，耙齿与格栅片间隙均匀，保持 3～5m，耙齿格栅水平，不得相碰
各限位开关	动作及时，安全可靠，不得有卡住现象
导轨与二侧距离	间隙 5mm 左右，运行时不应有导轨抖动现象

续表

项目	检查结果
滚轮与导向滑槽	两侧滚轮应同时滚动，至少保持有 2 只滚轮在滚动
机械格栅的进退机构（小车）	应与耙齿动作协调
钢丝绳	在绳轮中位置正确，不应有缠绕现象
链轮	主、从动链轮中心面应在同一水平上，不重合度不大于两轮中心距的 2/10000

3）试运行

用手动或自动操作，全程动作各 5 次，动作准确无误，无抖动、卡阻现象。

3. 倾斜齿耙去除式粗格栅安装方法

倾斜齿耙去除式粗格栅，由格栅、齿耙、驱动装置、滑动部分组成。其工作原理是通过循环运转的清污机清除水体中的大颗粒杂质，如木块、玻璃瓶等。

（1）施工流程

施工准备→设备开箱、验收→预留、预埋复核、验收→放线→格栅组装→格栅吊装→耙齿安装→驱动系统安装→滑动片及平台安装→设备精平→试运转。

（2）施工方法

1）施工准备

设备基础、预留、预埋复核、验收。设备安装前对基础进行复核，基础外表不得有裂缝、孔洞、露筋等现象，混凝土壁板应坚实、平整、竖直、洁净，无漏水、龟裂现象。要求如下：

① 粗格栅室顶板标高允许偏差为±10mm；

② 粗格栅室混凝土支撑壁板的表面平整度允许偏差为+10mm；

③ 粗格栅室混凝土支撑壁板的允许偏差为+10mm；

④ 粗格栅室底板标高允许偏差为±10mm；

⑤ 粗格栅室混凝土支撑壁板与粗格栅间底板的角度为 75°。

2）格栅组装、吊装

先将位于室底部分的粗格栅预装配好，安装前在格栅室内搭设临时脚手架，格栅室内必须保持干燥，复核粗格栅的尺寸，如格栅条间距、栅条长度、格栅框架宽度等。在放入格栅室底部时，应重新校正，栅条的垂直度、水平度及间距应符合要求。复核耙齿齿条的间距，使耙齿与平整的格栅条啮合并能在格栅上灵活移动。

用起重机将粗格栅放入格栅室底，粗格栅需吊装的设备中驱动装置最重。吊装时，应注意防止粗格栅倾斜或变形。就位时，应将格栅的下半部放置在混凝土斜槽前，槽钢侧部的支撑用化学螺栓锚固在格栅室壁上。

安装轨道，轨道相互间必须保持平行。安装时，先将室侧壁上不平之处凿平，轨道固定用膨胀螺栓。两轨道调平找正用薄垫片。

3）耙齿的安装

在安装时，用方木和木板在格栅室内搭设临时支架，以便于钢索的连接和防止耙齿坠落。

4）驱动装置的安装

格栅就位后，在格栅室顶部壁板上安装驱动装置的固定支座。吊装驱动装置时应注意保护传动装置的保护罩，驱动装置就位于平台的上部。耙齿沿格栅的上下运动由驱动装置上钢索的伸长与收短控制，耙齿的翻转由中心钢索控制。安装时，应严格控制耙齿的翻转位置及滑动片的安装位置，使耙齿翻转时刚好能将水体中的杂质拨入驱动装置下的螺旋输送机内。步骤如下：打开保护罩，找到钢索鼓轮，将钢索从鼓轮中抽出并固定到抓斗行走机构上。中心钢索应穿过旋转滚轮再固定到抓斗行走机构上，按正确的旋转方向缠绕，避免回动时损坏机构。抓斗的关停位置按图施工。注意钢索在抓斗机构的关停位置时应保持松弛。若停放位置不在抓斗启动位置（启动位置为旋转辊支架在铅垂位置，两旋转辊分布于支架的底部和顶部），可通过释放控制电机刹车使旋转辊到此位置。然后用套管和夹板固定钢索，钢索应外覆胶皮管。配重块安装于抓斗十字杆上约 100mm 处。

5）滑动片及平台安装

滑动片的安装按照装配图所示，注意调整框架的水平度使之符合要求。在格栅室顶板上固定保养平台的支架，安装楼梯和栏杆，必要时用垫铁对支架进行找平。

6）格栅的灌浆

根据图纸要求，复核格栅安装的尺寸和安装位置允许偏差，用 FK-13 液体塑胶紧固螺栓。用无收缩砂浆进行灌浆，格栅地脚板、保护板和斜槽都应进行灌浆，槽钢轨道灌浆至尾部边缘，灌浆时，格栅用管架支撑，待混凝土凝固后，才可清除多余的砂浆。

7）调试

安装完毕后，应对设备进行润滑。在减速器上安装气门螺钉，喷头和铰链涂油脂润滑，钢索和鼓轮表面涂厚油膜（油脂由外商提供）。修复损坏的防腐涂层，校正开关位置，清理现场后进行试运转。最后，装好电机的保护罩。

4. 格栅除污机安装、定位允许偏差

安装、定位允许偏差，见表 4-11～表 4-13。

格栅除污机安装时定位允许偏差　　表 4-11

项目	允许偏差		
	平面位置偏差（mm）	标高偏差（mm）	安装要求
格栅除污机安装后与设计要求	≤20	≤30	
格栅除污机安装在混凝土支架			连接牢固，垫块数小于 3 块
格栅除污机安装在工字钢支架		<5	两工字钢平行度小于 2mm；焊接牢固

移动式格栅除污机轨道重合度、轨距和倾斜度允许偏差　　表 4-12

序号	项目	允许偏差
1	轨道实际中心线与安装基线的重合度	3mm
2	轨距	±2mm
3	轨道纵向倾斜度	1/1000
4	两根轨道的相对标高	5mm
5	行车轨道与格栅片平行面的平行度	0.5/1000

格栅除污机定位允许偏差　　表 4-13

项目	允许偏差					
	角度偏差（°）	错落偏差（mm）	中心线平行度（mm）	水平度（mm）	不直度（mm）	平行度（mm）
格栅除污机与格栅井	符合设计要求		<1/1000			
格栅、栅片组合		<4				
机架				<1/1000		
导轨					0.5/1000	
导轨与栅片组合						两导轨间≤3

4.2.2.3 转刷曝气机安装技术

转刷曝气机主要用于污水处理厂氧化沟，其作用是向污水中充氧，推动污水在沟中循环流动以及防止活性污泥沉淀，使污水和氧充分混合接触，完成生化过程。

转刷曝气机由叶片、终端轴承、转刷轴、联轴器、电机、减速机等部分组成。机器由于长度较长，一般是分体到货后再现场安装（图 4-18）。

图 4-18　转刷曝气机安装

转刷曝气机的结构形式如图 4-19 所示。

图 4-19 转刷曝气机

（1）施工流程

施工准备→测量放线→设备的二次搬运→地脚板及地脚螺栓的预埋→减速箱及电机安装→轴承座安装→组装转轴及转刷→转刷轴吊装就位→调平找正→检验安装的几何精度→固定→二次灌浆抹面→单机试运行。

（2）主要施工方法及技术要求

1）施工准备

① 根据施工图纸和技术要求，组织氧化沟转刷曝气机施工班组学习、熟悉施工图纸、随机文件及相关规范，掌握运输、安装、试车要领，并进行技术、安全交底；备好施工用电源，并备有必要的消防及照明器材；备齐施工机具、计量检测器具等；根据施工需要和设备安装特点，准备好设备运输及吊装工具。

② 安装前，先检查地脚螺栓预留孔的位置及尺寸，要符合图纸设计要求。

③ 制作及安装移动龙门架。移动龙门架的结构图如图 4-20 所示。

2）测量放线

测量放线重点在转刷安装标高线。在安装位置画出定位基准线（纵横中心线），减速箱及电机和轴承座安装时以此为基准进行调整，保证安装各项偏差符合技术要求。具体技术要求见表 4-14。

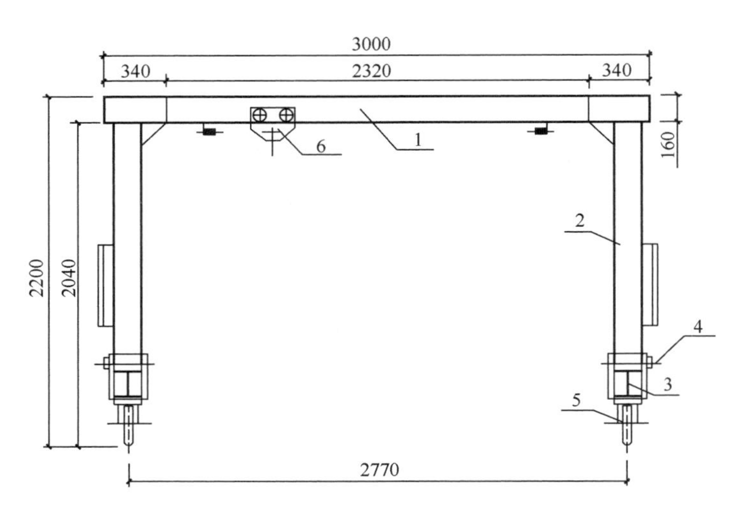

图 4-20 移动龙门架结构图

1—横梁；2—立柱；3—端梁；

4—销轴；5—行走轮；6—手链式滑动小车

转刷曝气机安装允许偏差 **表 4-14**

分项工程名称	项目	允许偏差（mm）
减速机本体	水平度	≤2/1000
转刷轴	纵、横向水平度	≤1/1000、0.5/1000
减速机输出轴与转刷轴	轴线同轴度	≤2.5/全长
64 台转刷相对位置	上表面标高	±30
转刷轴尾部支承	水平度	≤2/1000

3）设备的二次搬运

在氧化沟池壁外侧的减速箱、电机及转轴，可直接用起重机吊装就位，在池中间的减速箱、电机及转轴，可先在其安装位置的相应池壁走道平台上准备好两台移动龙门架，用移动龙门架吊运至安装位置后，将转刷轴及叶片吊放在池底已经准备好的临时支架上。临时支架结构为用槽钢制作的小龙门架。

4）地脚板及地脚螺栓的预埋

① 将 M24 螺栓连在减速机安装样板上，将 M20 螺栓连在轴承座安装样板

上，样板上下各带一个螺母；

② 将两个连接好的样板置于地脚孔上，并找平，前后等高；

③ 用线测量，使前后样板中心线同线，并保证前后样板相邻的地脚螺栓中心距偏差为±5mm；

④ 找正后将地脚螺栓与土建钢筋焊牢，将样板卸下；

⑤ 用细石膨胀混凝土将地脚螺栓孔灌满，并浇筑厚度为50mm的钢筋混凝土垫板；灌浆凝固后，用细钢筋在地脚板上拖动，听声音验证地脚板下是否有空洞现象，如果有空洞，需凿出后重新灌浆，以免设备运转时，由于振动开裂。

5）减速机及电机安装

① 门减速机地脚板和后轴承地脚板安装

钢筋混凝土垫板达到强度后，安装减速机地脚板和后轴承地脚板，减速机地脚板标高允许偏差为±5mm，后轴承地脚板前、后地脚板相对标高允许偏差为5mm。找正后在减速机地脚板下支平垫铁和斜垫铁，以将其牢固地支承在土建基础上。

在减速机地脚板下用细石子膨胀混凝土灌浆，务必灌满、灌严，以防机器运转时松动。

② 减速机及后轴承支承的安装

a. 待灌浆达到强度后，将减速机、电机及后轴承支承安装就位。

b. 上减速机一端M24螺母，后轴承支承一端M20螺母，轻力紧固即可。

c. 复查减速机中心及后轴承支承标高。

d. 用线测量两者中心同心线；用煤油清洗后轴承及后轴承支撑表面，清洗后表面涂两道环氧沥青漆。

6）组装转轴及转刷

① 转轴的安装

待减速箱及电机和轴承座调平找正后，再进行转轴及转刷的组装。转轴可先用移动龙门架吊放于就位位置的正下方，组装转轴及叶片后，再用移动龙门架吊起后安装在轴承座内，并通过联轴器与减速箱连接。

② 叶片的安装

转刷为组合抱箍式，组装时需制作临时支撑，叶片需在临时支撑上进行组装，注意将叶片组装成呈螺旋状排布，以便入水均匀，负荷平稳。

a. 将每六个叶片组成一个半环。

b. 在转轴上将两个半环组成整环，每组叶片下垫一片橡胶带。

7）调平找正及固定

调平找正采用透明塑料水管，保证水管内绝对没有气泡。然后再用水准仪复测合格后，将垫铁焊牢固定。

8）安装几何精度的检验

① 转刷曝气机标高和平面位置检验

用经纬仪和水准仪以设计院提供的黄海高程和直角坐标值，经换算后在转刷曝气机机座位置放出设备纵横中心线，并按设计标高标出“半米线”。在转刷曝气机就位后进行调整时，在设备基准面上按上述办法找正、调平。

② 转刷轴水平度检验

用精密水准仪固定在转刷轴一端，地面上调试水平，将标尺立在主轴两端靠近联轴器法兰处，记下两端读数，两读数差值除以两标尺间距离，即为水平度误差值。

③ 减速机水平度检验

用 300mm×300mm 精密框式水平仪（0.2/1000mm）在箱体底座四边专门加工的狭长面上测量，采用塞尺配合测量。

④ 减速机输出轴与转刷轴、支承座轴同轴度检验

双载联轴器同转刷轴连接为凸缘式联轴器装置，该凹凸缘应紧密接触，从而起到定位、调心作用，因此，对接触面的防锈漆等杂物一定要用脱漆剂清洗干净，以防影响同轴度调整精度。

a. 同轴度的检验测量。

测量方法如图 4-21 所示。用专用夹具把百分表固定于减速机输出轴上，

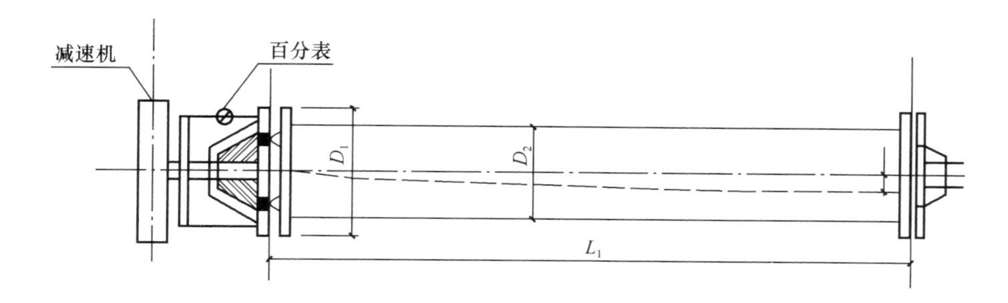

图 4-21 同轴度检验测量方法

百分表头测量输出轴上双载联轴器法兰端面跳动值（设为 α 值），相对于中心的两点最大跳动差值与测量圆直径 D_1 组成直角三角形，称此小角为 α_1；同样，减速机输出轴与转刷轴因 α_1 角偏移影响产生另一个相似三角形，相似小角称为 α_2。

b. 计算 α 值。

α 值计算式：$\alpha=2.5\times$双载联轴器法兰直径 D_2/全长 L_1

9）二次灌浆抹面

转刷轴安装完毕后，经过复测安装标高及位置，单台转刷水平允许偏差小于 10mm，各台转刷标高允许偏差小于 30mm。然后，进行二次灌浆抹面。

10）单机试运行

单机试运转前应先人工盘车，由于转轴导杆偏重，无负荷试运行时间尽量缩短，以试运行时无异常响声为宜。

（3）曝气设备安装允许偏差

水平式曝气机安装允许偏差见表 4-15。

水平式曝气机安装允许偏差 **表 4-15**

项目	允许偏差		
	水平度	前后偏移	同轴度
阀端轴承座	5/1000	5/1000	
两端轴承中心与减速机出轴中心同心线			5/1000

4.2.2.4 离心式浓缩脱水机安装技术

离心式浓缩脱水机是依靠一个可以随转动轴旋转的转鼓，在外借传动设备驱动下产生高速旋转，其中液体也随同旋转，由于其中不同密度的组分产生不同的离心力，从而达到分离的目的。

（1）施工流程

施工准备→基础复查→测量放线→设备的二次搬运→设备安装就位→调平找正→固定。

（2）主要施工方法及技术要求

1）施工准备

① 根据施工图纸和技术要求，组织污泥脱水机房施工班组学习、熟悉施工图纸、随机文件及相关规范，掌握运输、安装、试车要领，并进行技术、安全交底；备好施工用电源，并备有必要的消防及照明器材，备齐施工机具、计量检测器具等。并根据施工需要和设备安装特点，准备好设备运输及吊装工具。

② 安装前先进行基础复查，检查基础的质量是否达到安装要求，检查地脚螺栓预留孔的位置及尺寸是否符合图纸设计要求。

③ 根据设备厂家现场指导安装人员的要求，对设备基础进行处理，以达到设备与基础连接的要求。

2）测量放线

主要测量放线设备的安装标高线及平面位置基准线。在安装位置画出定位基准线，保证安装各项偏差符合技术要求。

3）设备吊装

采用2辆25t汽车起重机，10t平板拖车。从设备上5个吊耳中选取最为有利的3点吊装。其中前端1点，后端2点。后端2根吊装带长度一致。一辆汽车起重机吊前端一点，另一辆吊后端两点，因前后两端重量不平衡，故在前端一点处加5t捯链一根。在试吊过程中，反复调节捯链，使分离机、浓缩机达到平衡，防止设备在吊装过程中因摆动而损坏或发生意外事故。当调整好平衡以后，将设备起吊至平板拖车上，由拖车拖至设备安装处。

4）设备调平、找正

将设备吊装到预定位置。注意设备的出料口与接料口相连接，再调平找正。

5）固定

设备的固定采用化学螺栓固定。

（3）检验和调试

1）带负荷连续运转 2h，检测浓缩、脱水一体机的噪声和振动；检测污泥含水率、固相回收率及污泥脱水处理能力；检验电气、控制系统的运行及可靠性；检验紧急停机时各运动件的灵活、准确和可靠性。

2）设备在最佳条件下，连续运行 8h，进行现场负荷试验。试验检测项目如下：

① 轴承温度和温升。

② 泥饼含水率。

③ 滤液含固率。

④ 设备的处理能力。

⑤ 冲洗装置耗水量。

⑥ 绝缘电阻。

⑦ 噪声。

⑧ 系统的密封性。

⑨ 絮凝剂制备能力、调制浓度和耗药量。

4.2.2.5 潜水排污泵安装技术

潜水排污泵广泛应用于给水排水系统，按其用途可分为给水泵和排污泵，按其叶轮的形式可分为离心式、轴流式和混流式，潜水排污泵主要由电机、泵壳、底座及升降导杆、吊链组成，可以长期潜入水下运行。装置采用潜水电机与泵体直联的立式安装形式，通过捯链、吊链沿导杆升降，下降时能与底座自动耦合安装。

（1）施工流程

基础复查、清理→放线→泵导座安装→泵导座灌浆→泵导轨安装→电机及泵壳泵安装。

（2）主要施工技术

1）施工准备

① 安装前，首先复测预埋的底座位置，其纵横中心线符合技术和规范要求，以确保泵的正常运转。

② 导轨安装前复测预埋钢板的位置，并进行放线，确定导轨的位置，确保导轨就位后的垂直度符合技术和规范要求。

③ 泵和电机用液压叉车运输，用土建结构和附带的链子将潜污泵沿导轨滑入底座内。安装前，生产、制造厂商为防止部件损坏而包装的防护粘贴不得提早撕离。

④ 泵就位后，保证纵向安装水平偏差不大于0.1/1000，横向安装水平偏差不大于0.2/1000。符合试车条件后，编制试车方案，组织试车小组进行单机试车。

2）泵安装

① 泵就位前应符合下列要求：

a. 泵本体、传动装置、驱动机应无损伤，泵轴和传动轴不应弯曲。

b. 应检测泵轴和传动轴在轴颈处的径向跳动、各联轴器端面倾斜度偏差及联轴器径向跳动，并应符合技术文件要求。

c. 应检测叶片外圆对转子轴线的径向跳动，并应符合设备技术文件的规定。

d. 叶轮外圆与叶轮外壳之间的间隙应均匀，其间隙应符合设备技术文件的规定。

e. 橡胶轴承不应沾染油脂。

f. 进水流道应畅通，不得淤塞。

g. 以进水流道为准，应检查驱动机基础和泵基础的标高和轴线，其允许偏差为±2mm，并应按设计要求复核中间轴的长度。

h. 叶轮安装基准线到最低水位的距离应符合设备技术文件的规定。

② 安装偏差：

a. 具有单层基础的泵，驱动机与泵调平时，应在其底座及其他加工面上进行测量，其安装水平偏差不应大于0.2/1000。

b. 具有双层基础的泵，驱动机和泵的安装水平偏差均不应大于0.05/1000，且倾斜方向应一致，并应在其法兰面上进行测量。泵座轴线与进水管道轴线的同轴度应为±2mm。

3）泵试运转、泵启动前准备

① 泵试运转前应符合下列要求：

a. 进水口叶轮的淹没深度应符合设备技术文件的规定。

b. 驱动机的转向应与泵的转向相符。

c. 电器和仪表应灵敏、正确、可靠。

d. 真空破坏阀、油压设备、真空泵、电磁阀等辅助设备和各管路连接后，按系统进行单独试验应合格，连接处不得有泄漏。

e. 叶片的安装角度应符合设备技术文件的规定。

② 泵启动前应符合下列要求：

a. 应打开出口管路阀门。

b. 应向填料函上的接管引注清水，润滑橡胶轴承，直至泵正常出水为止。

c. 全调节的泵宜减小叶片角度，待出水正常后方可调至允许范围。

d. 带有真空泵的机组应先启动真空泵，排出泵内气体。

4）泵试运转、启动

泵试运转、启动时应符合下列要求：

① 各连接部位应牢固、无松动，并无泄漏。

② 电器、仪表工作应正常；油路、气路、水路各系统管道不得有渗漏；压力、液位应正常。

③ 轴流泵滚动轴承的温升、温度应符合规定；采用橡胶或塑料水导轴承时，其注水压力、注水量和使用温度均应符合设备技术文件的规定。

④ 齿轮箱内油的温升应正常，油池的油位应保持在规定的刻度范围内，

并不得有漏油现象。

⑤ 填料函处的温升应正常；泄漏量应符合设备技术文件的规定。

⑥ 泵在无汽蚀工况下运转时，在规定点测得的均方根振动速度有效值，不应大于 4.5mm/s。

⑦ 整体出厂安装的泵在规定的扬程和流量下连续试运转时间不应小于 5h；解体出厂组装的泵连续试运转时间，应符合设备技术文件的规定。

⑧ 停止试运转时，应按设备技术文件的规定关闭有关的阀门；流道内的防水倒流装置工作应正常、可靠。

⑨ 泵的进水降低到规定的最低水位以下时，泵应停止运转。

(3) 安装偏差与运转要求

1) 水泵泵体与电动机进、出口法兰安装的允许偏差（表 4-16）。

水泵泵体与电动机进、出口法兰安装的允许偏差　　表 4-16

项目	允许偏差				
	水平度（mm/m）	垂直度（mm/m）	中心线偏差（mm/m）	径向间隙	同轴度（mm/m）
水泵与电动机	<0.1	<0.1			
泵体出口法兰与出水管			<5		
泵体出口法兰与进水管			<5		
叶片外缘与壳体				半径方向小于规定的 40%，两侧间隙之和小于规定最大值	
泵轴与传动轴					<0.03

2) 水泵调试运转要求（表 4-17）。

水泵调试运转要求　　表 4-17

项目	检查结果
各法兰连接处	无渗漏，螺栓无松动
填料函压盖处	松紧适当，应有少量水滴出，温度不应过高
电动机电流值	不超过额定值
运转状况	无异常响声，平稳，无较大振动
轴承温度	滚动轴承小于 70℃，滑动轴承小于 60℃，运转温升小于 35℃

4.2.2.6　除砂设备安装技术

1. 旋流除砂机安装技术

旋流除砂机通常安装在钟式沉砂池中，是利用机械力控制流态与流速，加速砂粒的沉淀，并使有机物随水流带走的沉砂装置。

旋流除砂机采用水平旋流模式，进水从池体上部的切向流入，回转 270°流出，停留时间为 30s。污水通过进水口以 1m/s 的流速流入池内，污水借助于机电泵所提供的动能，产生一定的旋流，将部分砂粒通过池壁滑入砂斗，由于中心叶轮以 10～15r/min 的速度旋转，加强了旋流作用，将水中另一部分砂粒甩向池壁滑入砂斗，调整转速可达到最佳沉砂效果。同时，可以将粘附在砂粒表面上的有机物剥离下来，随中心上升的水流排出池外。落入砂斗内的砂粒，通过吸砂泵送至砂水分离器进行脱水后外运。

（1）安装与调试

1）将池内、外和工作桥及基础面清理干净，校核基础尺寸无误，将设备放在基础上，或将减速箱放在工作桥上，用水准仪校正安装基准面，然后垫平、找正，紧固连接紧固件。

2）设备就位后，核对传动中心距、齿轮啮合尺寸，确保主轴与回转支承同心，将所有紧固件放正紧固，不得漏装和互换。

3）叶轮搅拌器安装就位，应保证叶轮外缘与池体斜面不相碰，且保持不小于 50mm 的间隙。

4）按设备油位高度在减速箱内注足润滑油，接通电源线，点触电源启动按钮，无异常现象后，方可连续运转。

5）单机空负荷运行正常之后，将池体充满清水，向洗砂管里通入压缩空气，确保气路畅通。观察池内液面有强烈的翻腾现象，然后向洗砂管里通入压缩空气能连续地将水从管口排出为合格，一切正常后即可投料运行。

（2）维护与保养

1）减速机按其说明书定期添加、更换润滑油脂。

2）每隔两周向轴承的外齿圈上涂抹钙基润滑油脂一次，每周向回转支承的润滑油杯中加足20号机油。

3）每2年对设备做一次防护保养。

2. 链板式刮砂机除砂设备

刮砂机主要由栏杆、工作桥、传动装置、导流板、传动轴、拉杆、小刮板、刮砂板、刮臂等部件组成。

（1）设备安装技术要求

1）在进行设备安装前，其安装位置和标高应符合设计要求，平面位置偏差不大于10mm，标高偏差为±20mm。

2）输砂泵安装基础平台应平整，输砂管路中各连接口无渗水现象，各管路中心标高准确。

3）在安装时，管路连接不得渗漏。

（2）安装方法

1）施工准备

安装前，对沉砂池标高、水池尺寸、池底沿全长平整度、池顶和池底的相对标高偏差进行检测，调整其偏差在允许偏差范围之内，方可进行设备安装。由于刮砂板的运行对沉砂池底的平整度要求比较高，建议池底待设备安装完成后进行二次灌浆。

2）底部轴承座安装

将基面用磨光机磨平，水平尺找平，水平度偏差在允许范围之内，根据设计图测量轴承座的横、竖中心线，定出轴承地脚螺栓位置。打孔安装膨胀螺栓后，轴承座就位，利用铜片找正、调平后，紧固膨胀螺栓。

3）刮渣组件组装

将小刮板、刮砂板、刮臂及拉杆等部件吊入池底就地组装。

4）工作桥组合安装

将工作桥现场组装（中部走道板先不装），就位时将其水平位置和标高控制在规范允许的范围内。

5）传动轴安装

将传动轴吊装就位，调整传动轴的垂直度，紧固上、下轴承座螺栓。

6）刮砂组件安装

将刮砂组件就位，安装两侧拉杆，调节两侧拉杆长度，使两侧刮臂平行。拧紧固定螺栓。人工按运行方向推动刮臂，刮砂组件转动无卡阻，刮臂两端与池壁间隙均匀，与池底间隙一致。

7）电机及传动装置安装

安装走道板和电机基础，找正、调平后进行电机、传动装置安装。

8）导流板安装

先测量放线，确保安装高度、板间距符合设计和设备要求。

（3）检验调试和试运转

1）检验前，加注润滑油脂。

2）在生产商提供出厂除砂效率报告的基础上，以进水及出水渠道横断面同时分上、中、下、左、中、右各取三点，作水样干燥符合试验，以检测刮砂机对砂粒沉降效果、输砂泵的输砂流量和扬程、砂水分离机输砂效果和排出砂的含水率等，均符合设计要求。

3）若试验结果达不到设计要求时，必须整改，直至达到技术文件规定的性能要求。

4.2.2.7 鼓风机系统安装技术

常用的鼓风机是电动离心鼓风机，主要用于曝气系统供气。除主机外，还有辅助设备和配件，如过滤器和消声器、出口弹性接管、出口扩压管、放空阀、放空消声器、止回阀等。

（1）施工流程

设备到场开箱检验→基础复核→设备放线定位→基础粗找平→基础精找平→设备减振垫安装→鼓风机就位→进口过滤器安装→隔声罩安装→其他辅助设备安装→设备检查接线→单机试运转→负荷试运转。

（2）主要施工方法

1）施工准备

机组安装前垫铁和底座应符合以下要求：

① 应按机组体积的大小选择成对斜垫铁；对于转速超过 3000r/min 的机组，各块垫铁之间和垫铁与底座之间的接触面面积均不应小于结合面的 70%，局部间隙不应大于 0.05mm。

② 坐浆法平垫铁的安装水平偏差不应大于 0.10/1000，同时各部分的平垫铁应保持在同一标高位置上，其标离的允许偏差不应大于 0.2/1000，其标高允许偏差为±2mm。

③ 采用压浆法施工时，应及时检查垫铁之间的间隙。

④ 应检查轴承座与底座之间未拧紧螺栓时的间隙，其间隙不应大于 0.05mm。

⑤ 底座上的导向键与机体间的配合间隙应均匀，并应符合设备技术文件的规定：当无规定时，其水平导向键在固定键槽内的过盈 G 宜为 0～0.03mm；在滑动键槽内的两侧总间隙（C_1+C_2）宜为 0.03～0.06mm，顶间隙 C 宜为 0.5～1.0mm；埋头螺栓与键顶面的距离 α 应等于或大于 0.3mm；垂直导向键的轴向间隙 S_1 和 S_2 应等于或大于 3mm，如图 4-22 所示。

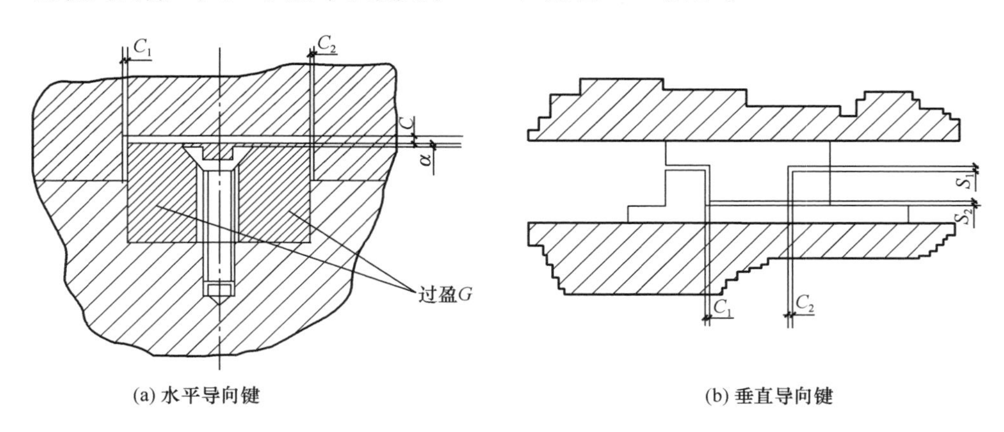

图 4-22 导向键与机体间的配合间隙

2）鼓风机与风机安装

① 整体出厂的风机，进气口和排气口要有盖板遮盖，防止尘土和杂物进

入。风机进口和出口的方向（或角度）要与设计相符。

② 检查鼓风机的基础、消声和防震装置符合设计要求。

③ 鼓风机机组轴系的找正，首先选择位于轴系中间的或重量大、安装难度大的机器作为基准进行调平。整体安装的风机纵向和横向安装水平偏差均不大于0.10/1000。

④ 电动机与风机找正时，联轴器的径向位移不大于0.025mm，轴线倾斜度不大于0.2/1000。

⑤ 风机安装前，其安装位置和标高应符合设计要求，平面位置偏差为±10mm，标高偏差为+20mm、－10mm，鼓风机减振垫与设备基础采用粘结，粘结专用材料由设备供应商提供。风机安装时，应检查正、反两个方向转子与转子间、转子与机壳间、转子与墙板间以及齿轮副侧的间隙，其间隙值均应符合设备技术文件的规定。

⑥ 风机的纵向和横向安装水平应在主轴和进气口、排气口法兰面上进行测量，其允许偏差均不应大于0.2/1000。

3）管路及鼓风机附件安装

① 管路及鼓风机附件（如消声器、过滤器等）与机壳连接时，机壳不应承受外力。当管路及鼓风机附件安装完后，再次检测机组的水平度，若超标，则需找出原因并调整，直至合格。

② 各管路中进风阀、配管、消声器等辅助设备的连接应牢固紧密、无风量泄漏现象。

③ 鼓风机传动装置的外露部分和直接通大气的进口防护罩（网），在试运转前要全部安装完毕。

④ 叶轮进风口与机壳进风口接管的间隙应符合设备技术文件的要求；驱动电机与鼓风机经联轴器连接安装时，应保证电机驱动轴线与鼓风机转子轴线同轴，其允许偏差应符合设备技术文件要求。

（3）鼓风机检验和调试

1）加注润滑油，其规格、数量应符合设计规定。

2）接通冷却系统的冷却水。

3）全部打开鼓风机进气和排气阀门。

4）点动电动机，各部位无异常现象和摩擦声响时，方可进行试运转。

5）电动机转向应与风机转向相符。

6）空载运行 2h，检测鼓风机的噪声和振动。

（4）负载试运行

风机试运转应符合下列要求：

1）进气口和排气口阀门应在全开的条件下进行空负荷运转，运转时间不得小于 30min。

2）空负荷运转正常后，应逐步缓慢地关闭气阀，直至排气压力调节到设计升压值时，电动机的电流不得超过其额定电流值。

3）负荷试运转中，不得完全关闭进气口、排气口的阀门，不应超负荷运转，并应在逐步卸荷后停机，不得在满负荷下突然停机。

4）负荷试运转中，轴承温度不应超过 95℃；润滑油温度不应超过 65℃；转动速度有效值不应大于 13mm/s。

5）当轴承温升在 0.5 小时内的温度变化不大于 3℃时，连续负荷试运转时间不应小于 2h。

（5）设备安装允许偏差

各种风机的安装允许偏差见表 4-18～表 4-20。

离心风机的安装允许偏差　　表 4-18

项目	允许偏差		
	接触间隙（mm）	水平度（mm/m）	中心线重合度（mm）
轴承座与底座	<0.1		
轴承座纵横方向		<0.2	
机壳与转子			<2
叶轮进风口与机壳进风口接管			
主轴与轴瓦顶			

轴流风机的安装允许偏差 **表 4-19**

项目	允许偏差		
	水平度（mm）	轴向间隙（mm）	接触间隙
机身纵、横方向	＜0.2		
轴承与轴径、叶轮与主体风筒口		符合设备技术文件要求	
主体上部，前后风筒与扩散筒的连接法兰			严密

罗茨和叶氏风机的安装允许偏差 **表 4-20**

项目	允许偏差	
	水平度（mm）	轴向间隙（mm）
机身纵、横方向	＜0.2	
转子与转子间、转子与机壳间		符合设备技术文件要求

4.2.2.8 潜水搅拌机安装技术

潜水搅拌机一般为可提升式螺旋桨搅拌器，沿垂直导轨升降和调节转角，助推水流，安装于厌氧池内。搅拌机由主机、安装导轨和起吊架基座三部件组成，在现场连接组装，主机为整机安装。

（1）施工流程

基础复核、放线→安装支架→安装搅拌机底座→起吊搅拌机。

搅拌器安装前，须先将池壁边上的旋转吊杆安装就位，以便用其吊装搅拌器。

（2）主要施工技术

1）施工准备

① 安装前，先核对土建预埋件的标高、位置及尺寸是否与图纸相符，检查复核无误后，放线确定方钢支架的中心及搅拌机的位置。

② 在安装前，不得提前撕离为防止部件损坏而包装的防护粘贴。

2）安装支架

将方钢支架校直、校平放在预埋件上固定。方钢支架调整好后，点焊在预埋件上，再在钢支架上划线，定好搅拌机的位置后，即可安装搅拌机底座。

3）搅拌机底座安装

用调整垫铁找平机座后，用螺栓将搅拌机座固定好。

4）搅拌机就位、安装

用手动液压拖车运至池边后，用起重机吊送至池内，再进行吊装、组装。用旋转吊杆将搅拌机吊放在事先准备好的临时支架上，安装搅拌杆，并上紧使其牢固，用吊机将搅拌机穿过支架上的预留孔，坐落在钢支架上找正固定，最后组装叶片。组装叶轮时须搭架子，施工人员在架子上安装叶轮并调整固定，叶片安装的方向应按技术说明书的要求进行，不得装反。

（3）调试和试运行

1）安装后，应按技术要求进行检验，保证其允许偏差值符合规定的指标。

2）检查和加注润滑油脂。

3）搅拌设备在无水条件下，空载运行 2h，应传动平稳，无卡位和抖动现象。

4）进行现场负载试验，在设计工况条件下进行 24h 的带负载运行，测定单位容积功率和检验池底流速。

5）24h 负载试运转中，设备应运行平稳，无异常振动和噪声。

（4）搅拌设备安装允许偏差

1）溶液、混合搅拌机搅拌轴的安装允许偏差见表 4-21。

搅拌轴的安装允许偏差　　　　**表 4-21**

搅拌器形式	转数（r/min）	下端摆动量（mm）	桨叶对轴线垂直度（mm）
桨式、框式和提升叶轮搅拌器	≤32	≤1.50	为桨板长度的 4/1000 且不超过 5
	＞32	≤1.00	
推进式和圆盘平直叶涡轮式搅拌器	100～400	≤0.75	

2）反应搅拌机搅拌轴的安装允许偏差见表 4-22。

反应搅拌机搅拌轴的安装允许偏差　　表 4-22

搅拌机形式	轴的直线度	桨板对轴线垂直度或平行度
立式	≤0，10/1000	桨叶长度 4/1000，且不超过 5mm
卧式	现行国家标准《形状和位置公差　未注公差值》GB/T 1184 中的 8 级精度	桨叶长度 4/1000，且不超过 5mm

4.2.2.9　螺旋输送机安装技术

螺旋输送机为格栅除污机的配套设备，用来输送除污机截留、耙除的垃圾。主要由螺旋叶片、传动机构、壳体、盖板及耐磨衬条组成，不需现场组装。

螺旋输送机采用 1 台 20t 汽车起重机整体吊装就位。就位前，必须核查设备安装位置及标高是否满足设计规范要求。

（1）设备安装技术要求

1）在进行设备安装前，对设备安装位置及标高进行检测，并应符合设计要求。

2）安装基准线与建筑轴线偏差为±20mm，与设备平面偏差不大于 10mm，与设备高差为−40～+20mm。

3）设备的纵向水平度不大于 1/1000，相邻机壳法兰面连接间隙小于 0.5mm。

4）螺旋槽直线度每米允许误差 1mm，全长不超过 3mm。

5）定位固定设备时必须采用高强度的膨胀螺栓或化学螺栓（承受拉力 14kN）。

（2）设备就位

设备整体安装就位后，对进料口与格栅除污机卸料的密封护罩用螺栓连接。

（3）安装质量要求

无轴螺旋输送机安装检验项目，允许偏差及安装质量要求见表 4-23。

允许偏差及安装质量要求 **表 4-23**

项目		安装检验项目及质量要求		允许偏差
基本项目	1	机壳的直线度		1/1000，全长小于 3mm
	2	涂膜平整、无色差和漏涂		
允许偏差项目	1	设备	与建筑轴线距离	±20mm
			平面位置	10mm
			标高	+20mm −10mm
	2	设备的纵向水平度		1/1000
	3	相邻机壳法兰连接间隙		＜0.5mm
	4	连接螺栓顺向，拧紧后螺纹外露长度		2～3 个螺距

（4）设备调试

1）检查并加注润滑油脂。

2）空载运行 2h，检查螺旋叶片和槽体是否正常跑合，驱动装置是否灵活、运行平稳，轴承温升不超过 70℃。

3）负载试验，检查物料的输送功能是否符合设计性能指标，密封罩和盖板处无物料外溢现象；卸料正常，无明显的阻料现象。

4）做好安装及单机试验的记录，并提交检测记录报告，以便进行工序报验。

4.2.2.10 螺杆压渣机安装技术

螺杆压渣机为格栅除污机的配套设备。压渣机接纳输送机的卸料，通过压渣机脱水后，投入垃圾桶内。

压渣机主要由主机、排水管、排渣管三个部件组成，部件之间通过法兰连接。主机直接采用汽车起重机吊装就位。

（1）设备安装技术要求

1）在进行设备安装前，对设备安装位置及标高进行检测，并应符合设计要求。

2）轴心线与设计中心线的位置偏差为±50mm，螺旋体轴线的水平度偏差不大于 1/1000。

3）压渣机的进料斗与螺旋输送机落料口相对应，压渣后的物料沿排渣管准确排落至垃圾桶内。

4）进料斗、出料管、排水管等连接整齐，法兰连接紧密，不得有渗漏。

5）定位固定设备时必须采用高强度的膨胀螺栓或化学螺栓（承受拉力14kN）。

（2）检验调试

1）检查、加注润滑油脂。

2）空载运行 2h，检查其传动是否平稳，有无异常噪声，过载装置动作是否灵敏可靠。

3）实物负载试验，检查其输送功能，密封罩和盖板处无物料外溢现象。

（3）安装检验项目允许偏差及质量要求

安装检验项目允许偏差及质量要求见表 4-24。

安装检验项目允许偏差及质量要求　　表 4-24

<table>
<tr><th colspan="2">项目</th><th colspan="2">安装检验项目及质量要求</th><th>允许偏差</th></tr>
<tr><td rowspan="3">基本项目</td><td>1</td><td colspan="2">基座支承面贴合紧密，连接牢固</td><td></td></tr>
<tr><td>2</td><td colspan="2">法兰连接牢固，无缝隙</td><td></td></tr>
<tr><td>3</td><td colspan="2">涂膜、平整、无色差和漏涂</td><td></td></tr>
<tr><td rowspan="6">允许偏差项目</td><td rowspan="3">1</td><td rowspan="3">设备</td><td>与建筑轴线距离</td><td>±20mm</td></tr>
<tr><td>平面位置</td><td>±10mm</td></tr>
<tr><td>标高</td><td>+20mm，
−10mm</td></tr>
<tr><td rowspan="2">2</td><td rowspan="2">机座</td><td>纵向水平度</td><td>≤1/1000</td></tr>
<tr><td>横向水平度</td><td>≤1/1000</td></tr>
<tr><td>3</td><td colspan="2">连接螺栓顺向，拧紧后螺纹外露长度</td><td></td></tr>
</table>

4.2.2.11 堰板及可调堰门安装技术

（1）堰板安装

1）堰板的作用是保证均匀出水，因此对标高要求较高，另外，堰板与池壁的密封性要好，不能漏水。堰板由不锈钢板制作，采用化学锚固螺栓固定于池壁，由密封带实现堰板与池壁的密封（图 4-23）。

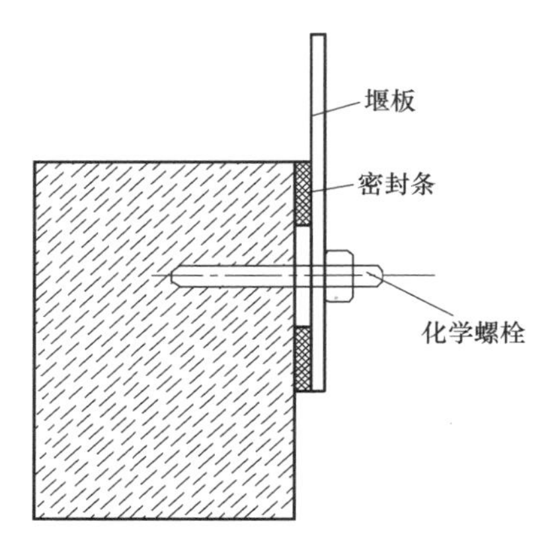

图 4-23　堰板安装图

2）安装堰板时，首先要复查土建预留洞口尺寸，池壁平面度凹凸不平处要找平。

3）采用精密水准仪将标高点引至堰板安装位置，在池壁上打眼安装化学锚固螺栓，将密封带贴于池壁，固定堰板。最后用水准仪复查标高，如有偏差，将螺栓稍稍松动，用木槌轻敲堰板调整，直至合格。

4）堰板接缝处理。首先将堰板接缝处调平，使两块堰板紧密贴合，然后涂刷厚浆型环氧煤沥青，将缝隙灌实。

（2）可调堰门安装

可调堰门的用途是用于分配井配水，氧化沟排出经沉淀后的上清液，调节氧化沟内水位，以满足不同运行工艺的需要。

可调堰门由三部分组成：溢流板、提升装置、加热箱。

可调堰门溢流板的一边通过轴和底座与地基连接，可绕轴转动，板与地基之间连接着可弯曲的橡胶板用以挡水，两端通过橡胶密封条与加热箱紧贴，溢流板通过挂钩与提升装置相连。提升装置由两根固定杆固定，用以打开和关闭溢流板。加热箱通过其外侧的两根角钢与地脚螺栓固定连接，分别安装在溢流板的两端，在冬期通过加热防止结冰。

1）可调堰门的施工流程

基础复核→固定角钢安装→加热箱安装→溢流板安装→密封条安装→提升装置安装。

2）施工技术要求

安装前，先核对土建预埋件的标高、位置及尺寸是否与图纸相符，检查复核无误后，定出溢流板的中心位置线。

固定角钢由六个地脚螺栓固定在地基上，角钢水平面要找正。

加热箱安装：用木板架定好加热箱的位置，两箱内侧平行（误差±2mm）间距为5m，加热箱外侧与固定角钢现场焊接，间隙内灌入水泥，待水泥凝固后，撤去木板固定架。

将溢流板平放在固定角钢上，调整溢流板两端间隙误差小于3mm，用调整垫铁找平溢流板后，用螺栓将溢流板座固定好。

提升装置的安装要注意确保垂直度的要求，提升装置后侧用地脚螺栓固定，并向间隙内灌注水泥砂浆。

密封橡胶条、橡胶板与设备连接处用胶粘结牢固。

4.2.2.12 中水回用系统安装技术

（1）施工流程

终沉池出水→回用水提升泵房→纤维束过滤→外输泵房供水。

回用水泵房与外输泵房的设备为常见设备，重点介绍加药装置二氧化氯发生器的安装技术。

（2）主要施工技术

1）安装程序

① 确定消毒剂投加点和水射器、设备安装位置。

② 安装水射器，并将管道连接到投加点。

③ 将设备摆放到适当的位置，把水射器吸入口同设备出气口连接。

④ 安装设备其他部件，并检查各接口是否漏气。

2）发生器安装

① 对于出厂时已装好的部件，开箱后应重新检查，对于松动的部件要重新紧固。

② 设备安装位置应选择离自来水水源近，且操作较方便的位置；安装时应注意留出一定的检修空间，以方便维修。

③ 发生器进气管，应接到室外通风处，一定要保持空气畅通；入口应加防护措施。

3）水射器安装

① 应固定在设备后面的墙壁上，位置、高度与发生器错开，以便于检修与操作。

② 安装方向可水平安装或垂直安装。

③ 水射器前后加安装活节，以便于拆卸清洗。

④ 水射器前要装一个电接点压力表和调节阀。

4.2.2.13 曝气器安装技术

常用的曝气器有管式曝气器和盘式曝气器，材料有陶瓷、橡胶、热塑性塑料和金属材料等，按照设计要求，均匀地分布在曝气池底部。

（1）安装技术要求

1）曝气设备的平面位置和标高应符合设计要求，设备平面位置偏差为±10mm，设备标高偏差为±10mm。

2）主支管水平落差为±10mm。

3）设备固定应牢固，采用不锈钢膨胀螺栓或化学膨胀螺栓固定。

4）曝气设备和升降调节装置应灵敏可靠，锁紧装置可靠。

5）微孔曝气器与曝气支管连接紧密可靠，保证气密性。

（2）安装注意事项

1）微孔曝气器安装前，曝气主管必须吹扫干净，不能有灰尘及杂物，以免堵塞出气孔。

2）微孔曝气器安装前端头保护盖板及曝气支管两端保护盖板保存完好，

不能脱落，以免杂物进入内部。

（3）调试

1）整个曝气系统安装完毕，经检查符合设计及产品安装要求，进行曝气效果检验。

2）调试前，把曝气池打扫干净，放入清水，清水深度一般超过曝气器20mm左右，具体按技术文件要求进行。

3）清水达到调试深度后，开启鼓风机，调节鼓风机流量，以水面满布气泡为宜。

4）观察曝气效果，主要检查曝气是否均匀，各连接处是否有漏气现象，出现以上问题，进行局部调整，必要时放水调整，局部重新安装，直至符合设计要求，并连续鼓风曝气24h。

5）逐步增加水深，以每次1m为宜，间隔运行8h，满负荷后，运行24h记录运行情况。

4.2.2.14 加氯、加矾设备安装技术

加氯、加矾设备的安装是水厂设备安装中又一个非常重要的部分，而且一般水厂的加氯设备安装过程中应注意：

（1）安装前，仔细阅读设备的资料，尤其是加氯机，进行全面的技术交底。

（2）全部的加氯、加矾管线和所有的接口都要认真检查，确保无一泄漏点。

（3）注意试运行方案的编制和审核工作，尤其注意应急措施是否到位，确保试车联动一次成功。

施工重点及对应措施：

保证施工人员的人身安全，氯气具有毒性，故新管线与老管线的连接施工一定要在厂方人员的陪同下进行，由厂方确认管道内无余氯后方可进行施工。

保证厂方的生产秩序，因为新管道与老管道均汇聚于加氯管沟内，施工人员在操作过程中一定要谨慎注意，不要踩踏或将杂物掉落在原管线上，以免造

成管道泄漏，造成生产和人身的双重损失。施工将由主管工程师全程在施工现场进行监督和指导。

保证快速、高质量地完成施工，在整个施工过程中，必须对正在进行生产的加氯机停用，所以要保证将停机时间降至最低，为此，要选用技术熟练的工人进行操作。

与厂方密切联系，加强在施工过程中的信息交流。施工总体计划接受厂方调度的总体安排。

4.2.2.15　电动旋转撇渣管安装技术

撇渣管为电动转动操作的开槽圆管，安装于初沉池下游的出水堰板前侧，跨于整个池宽，用于撇除污水中的浮渣。每套撇渣管包括两端的滑动轴承式管支承和电动螺轮传动机构及接渣配管。

（1）设备安装要求

1）在进行设备安装前，其安装位置和标高应符合设计要求，撇渣管应在链板式刮泥机安装之前先进行现场组装，这样不受链板刮泥机链条、运行导轨的影响。

2）撇渣管安装关键在于单管安装与池壁间的密封灌浆，以及单管本身和多管串联的同心度，这样才能保证撇渣管体与其支撑件间的完全密封。

（2）安装检验项目质量要求及允许偏差（表4-25）

安装检验项目质量要求及允许偏差　　表4-25

检验项目及质量要求			允许偏差
主要项目	1	撇渣管堰口的水平度	1/1000
其他项目	1	撇渣管安装位置偏差（mm）	±10
	2	撇渣管中心标高与设计误差（mm）	+20 −10
	3	二端管支座垫铁组	＜3
	4	手轮操作杆的垂直度	1/1000
	5	填料函漏量	少量漏
	6	基础螺栓的露头长度	1～1.5牙

（3）调试和试运行检验

1）检验旋转撇渣管转动是否灵活，手操作力不大于150N。

2）撇渣管的中心水平度不大于1/1000。

3）操作机构的操作杆与螺杆轴保持同一垂线，其垂直度不大于1/1000。

4）撇渣管组安装基准线与池宽距离允许偏差为－10～＋20mm。

5）与设备平面位置允许偏差为±10mm，与设备标高允许偏差为±10mm。

6）撇渣管的挠度不大于1/1000管的二端支承间长度。

7）旋转撇渣管需要单管及多管串联方式，进行浮渣排出试验，其支撑件应密封可靠，无泄漏。

4.2.2.16 启闭机安装技术

污水处理系统中启闭机较多，分布广。要使水中的阀门开关活动自由，安装的关键是预埋件、导轨位置及操作装置水平度都要正确，封闭面及固定套等均要达到设计要求，提升杆（或丝扣杆）的中间应设固定支撑点，安装位置要符合技术要求。

安装前，复核预埋件及预留孔的位置及尺寸。先将阀板用绳索吊入池底，并临时固定，用线坠检查池盖上的预留孔与下面阀杆连接处的中心线是否一致，上部机构中心应与阀板吊杆处中心相一致。然后检查上部机构预埋件的位置是否有偏差，再将中间支撑点支架固定在水池壁上，穿上阀板螺杆，固定在操作机构上，待整个启闭机安装完毕，各部位的尺寸间隙符合要求后，可作开阀关阀试验，经多次反复，灵活无卡阻现象即为合格。如设备技术文件有特殊要求的按要求施工。

4.3 管道安装技术

污水处理厂管道安装工程一般分为厂区管道安装、各个单体管道安装两大部分。污水处理厂工程中，管道安装的工作量最大。

4.3.1 材料进场验收、检验

所有进入现场的材料必须具有材质证明书及合格证，并按图纸设计要求核验材料的规格、型号和数量。

卷板钢管进场后，除检查外观、壁厚、椭圆度之外，还必须检查是否有焊缝渗透试验报告。其他铸铁管、混凝土管进行外观检验，保证无裂纹、夹渣、重皮等缺陷。在制造厂制造的配件要有公称直径、压力等级、制造厂名称、产品批号等标记。

钢管进场后应进行现场检查：

（1）管节表面应无斑疤、裂缝、变形、壁厚不均、严重锈蚀等缺陷。

（2）检查直管管口断面有无变形，是否与管身垂直。

（3）管身内外是否锈蚀，凡锈蚀的管子，在安装前应进行除锈，刷防锈漆。

（4）镀锌管的锌层是否完整均匀。

焊缝技术要求应符合表 4-26 规定。

焊缝技术要求 **表 4-26**

项目	技术要求
外观	不得有熔化金属流到焊缝外未熔化的母材上，焊缝和热影响区表面不得有裂纹、气孔、弧坑和灰渣等缺陷；表面光顺、均匀，焊道和母材应平缓过渡
宽度	应焊出坡口边缘 2～3mm
表面余高	应小于或等于 1mm+0.2 倍坡口边缘宽度，且不应大于 4mm
咬边	深度应小于或等于 0.5mm，焊缝两侧咬边总长不得超过焊缝长度的 10%，且连续长不应大于 100mm
错边	应小于或等于 0.2t，且不应大于 2mm
未焊满	不允许

注：t 为壁厚（mm）。

直焊缝卷管管节几何尺寸允许偏差应符合表 4-27 的规定。

直焊缝卷管管节几何尺寸允许偏差 **表 4-27**

项目	允许偏差（mm）	
周长	$D \leqslant 600$	± 2.0
	$D > 600$	$\pm 0.0035D$
圆度	管墙 $0.005D$，其他部位 $0.01D$	
端面垂直度	$0.001D$，且不大于 1.5	
弧度	用弧长 $\pi D/6$ 的弧长板量测于管内壁或外壁纵缝处形成的间隙，其间隙为 $0.1t+2$，且不大于 4；距管端 200mm 纵缝处的间隙不大于 2	

注：1. D 为管内径（mm），t 为壁厚（mm）；
2. 圆度为同径管口相互垂直的最大直径与最小直径之差。

同一管节允许有两条纵缝，其纵向焊缝间距应符合表 4-28 的规定。

纵向焊缝间距 **表 4-28**

项目	间距要求（mm）	
管径	≥600	<600
间距	>300	<100

铸铁管材料质量检验：

（1）铸铁管、管件应符合设计要求和国家现行的有关标准，并有出厂合格证。

（2）管身内外应整洁，不得有裂缝、砂眼、碰伤。检查时，可用小锤轻轻敲打管口、管身，声音嘶哑处即有裂缝，有裂缝的管材不能使用。

（3）承口内部、插口端部的毛刺、砂粒和沥青应清除干净。

（4）铸铁管内外表面的漆层应完整光洁，附着牢固。

阀门的规格、型号与设计相符，外观无缺陷，开关灵活，并按设计要求进行强度和严密性试验，合格后方可进行安装。为保证阀门正常工作，所有阀门必须配有必要的附件或配件，阀门各部件上有生产厂家及规格的浇筑字样和完好无损的铭牌。阀门要按 10%比例做好抽检工作，并认真填好阀门试压记录。

进场的材料堆放整齐，规格、型号、材质要分清，每一种材料必须挂牌，注明规格、名称、材质，并建立台账，做到账、物、卡相符，收发手续完整。

堆放中要有防止管材变形的措施，$DN1200$ 以上的钢管，必须在管口加“米”字支撑。超过 1m 以上的大口径钢管不宜重叠堆放，以免滚下伤人；ABS 塑料管要防止日光暴晒，以免塑料老化，管材变形。

管道、管件、阀门在搬运、安装过程中要轻拿轻放，禁止扔摔等方式搬运。特别是防腐好的钢管，在吊装、搬运、滚动过程中，要注意做好防腐层的保护。

所有甲供、自供材料进入现场经检验合格后，及时填写材料报检单，向业主现场代表报检，经检查合格后，方可使用。

4.3.2 埋地管的内外防腐技术

污水处理厂埋地管道都要求内、外防腐。防腐采用的涂料多为石油沥青涂料和环氧煤沥青涂料。防腐涂料属双组分，使用前要按比例加入固化剂，搅拌混合均匀后，涂刷在钢管表面。

4.3.2.1 管道外防腐

防腐加强层的施工流程为：除锈→涂底漆→面漆→缠玻璃布→面漆。

（1）除锈

可分为物理除锈和化学除锈。物理除锈包括人工除锈、机械除锈和喷砂除锈三种方法。

1）人工除锈时，当金属表面锈蚀较厚时，先用锤敲掉锈层，但不得损伤金属表面；锈蚀不厚时，直接用钢丝刷、砂纸擦拭表面，直至露出金属本色，再用棉纱擦拭干净。

2）机械除锈时，把需要除锈的管道放在专用的架子上，用外圆除锈机及软轴内圆除锈机清除管道内、外壁的铁锈。

3）喷砂除锈，是广泛采用的一种除锈方法，能彻底清除物体表面的锈蚀、氧化皮及各种污物，使金属形成粗糙而均匀的表面，以增加涂料的附着力。

喷砂除锈分为干喷砂和湿喷砂两种：

① 干喷砂通常采用粒径为 1～2mm 的石英砂或干净的河砂。当钢板厚度为 4～8mm 时，砂的粒径应为 1.5mm，压缩空气压力为 0.5MPa，喷射角度为 45°～60°，喷嘴与工作面的距离为 100～200mm；当钢板厚度为 1mm 时，应采用已使用过 4～5 次、粒径为 0.15～0.5mm 的细河砂。

喷砂使用的压缩空气应干燥清洁，不得含有水分和油污，可用白漆靶板放在排气口 1min，表面应无污点、水珠。根据相关规范的规定，砂料应选用质地坚硬有棱角的石英砂、金刚砂或硅质河砂及海砂，砂料必须干净，使用前应经过筛选，要干燥，含水量应不大于 1%。喷砂用的喷嘴内径为 6～8mm，一般用 45 号钢制成，并经渗碳淬火处理以增加硬度。为了减少喷嘴的磨损和消耗，可以采用硬质陶瓷内套，其使用寿命为工具钢内套的 20 倍。

施工现场最简单的干喷砂除锈工艺流程如图 4-24 所示。操作时由一人持喷嘴，另一人将输砂胶管的末端插入砂堆，压缩空气通过喷嘴时形成的真空会源源不断地把砂吸入喷嘴，砂与压缩空气充分混合后以高速喷射到工作面上。

干喷砂的最大缺点是作业时沙尘飞扬、污染空气，影响周围环境和操作人员的健康。为此，必须加强劳动保护，操作人员要戴防尘口罩、防尘眼镜或特殊呼吸面具。

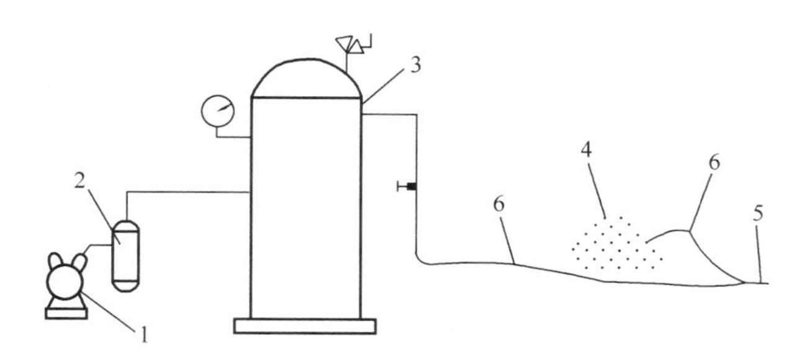

图 4-24 简易喷砂工艺流程

1—空压机；2—油水分离器；3—储气罐；4—砂堆；5—喷枪；6—胶管

② 湿喷砂是将干砂与装有防锈剂的水溶液，分装在两个罐里，通过压缩空气使其混合喷出，水砂混合比可根据需要调节，砂罐的工作压力为 0.5MPa，采用粒径为 0.1～1.5mm 的建筑用黄砂；水罐的工作压力为 0.1～

0.35MPa，水中加入碳酸钠（重量为水的1%）和少许肥皂粉，以防除锈。

湿喷砂虽然避免了干喷砂尘飞扬危害工人健康的缺点，但因其效率及质量较低，水、砂不易回收，成本较高，并且不能在气温较低的情况下施工，因而在施工现场应用较少。湿喷砂的工艺流程如图4-25所示。

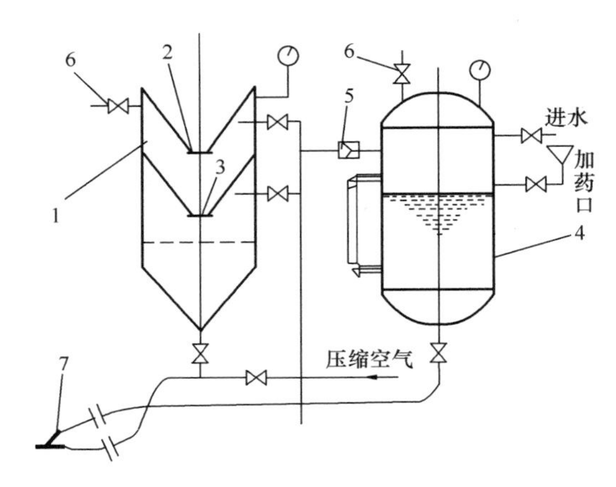

图4-25　湿喷砂工艺流程

1—双室砂罐；2—进砂阀；3—自动进砂阀；4—水罐；5—减压阀；6—排气阀；7—喷枪

（2）酸洗除锈（即化学清除）

部分工艺要求较高、管道规格较小的碳素钢及低合金钢管道有时需要采用酸洗除锈，其酸洗、中和、钝化的配方见表4-29、表4-30。

酸洗配方表（一）　　　　**表4-29**

溶液	循环法								
	配方一					配方二			
	名称	浓度（%）	温度（℃）	时间（min）	pH值	名称	浓度（%）	时间（min）	pH值
酸洗液	盐酸	0～9	常温	45	—	盐酸	12	120	—
	乌洛托品	1				乌洛托品	1		
中和液	氨水	0.1～1	60	15	>9	碳酸钠	0.3	—	—
钝化液	亚硝酸钠	12 ～ 14	常温	25	10～11	亚硝酸钠	5～6	动态30再静态120	7.2～7.3
	氨水								

酸洗配方表（二） **表 4-30**

溶液	槽式浸泡法				
	配方				
	名称	浓度（%）	温度（℃）	时间（min）	pH 值
酸洗液	盐酸	12	常温	120	
	乌洛托品	1			
中和液	氨水	1	60	5	—
钝化液	亚硝酸钠	5～6	常温	15	10～11

也可以用浓度（按重量计）为 10%的工业硫酸进行酸洗除锈，其除锈效果与溶液的温度有比较密切的关系，当把酸洗液加热至 60 ～80℃时，除锈速度明显加快。硫酸的相对密实度为 1.84，配制硫酸溶液时，应把硫酸徐徐倒入水中，严禁把水倒入硫酸中。

为了减轻酸洗液对金属的腐蚀，可加入 1%～2%的缓蚀剂，如乌洛托品或若丁。由酸洗转入中和或由中和转入钝化时，要用清水把前一道工序的残液冲洗干净。钝化处理后，也要用清水冲去残液，尽快把管道晾干或用无油无水的压缩空气吹干，及时涂刷底漆，以免久置再次生锈。

4.3.2.2 涂漆

（1）涂底漆

底漆涂刷可分为人工涂刷和机械喷涂。

1）人工涂刷时，用力应均匀适当，且应往复进行，纵横交错，不得漏涂；必须待前一层漆膜干透后，方可涂刷下一层。

2）机械喷涂时，适宜于快干性底漆。喷涂所用压缩空气的压力应保持在 0.20 ～ 0.4MPa。喷射出来的漆雾应与喷涂面垂直，当喷涂面为平面时，喷嘴与喷涂面的距离应为 250 ～ 350mm；当喷涂面为弧面时，喷嘴与喷涂面的距离应为 400mm 左右。喷涂时，喷嘴应均匀移动，移动速度宜保持在 10 ～

18m/min。

3）合格的涂刷应为：

① 漆膜附着牢固，无剥落、皱皮、气泡、针孔、裂纹等缺陷。

② 涂层均匀、完整，颜色一致，无损坏，无漏涂。

（2）涂面漆、铺玻璃丝布

底漆表干成膜（手按不粘手）后，可涂第一遍面漆，然后趁湿在涂膜上将玻璃布展开平铺，并用干净的漆刷或滚筒将玻璃布下的气体赶出，使涂料渗出玻璃布表面，要求无起皱、无气泡、无露白现象，使玻璃布紧贴钢管表面，然后趁湿涂刷第二层面漆，经过干燥后涂第三遍面漆。

4.3.2.3 管道内防腐

（1）对 $DN600$ 以上管径的管道，由人工进入管内施工，其防腐方法与外防腐相同。

（2）对 $DN600$ 以下管径的管道，人工无法进入施工时，采用压缩机喷涂施工，其工艺原理是利用压缩空气和专用工具将配制好的涂料雾化并均匀地喷涂于钢管内表面，施工方法为：

1）先清管，用压缩空气吹扫管道内的杂物，以保证涂料与钢管内表面有一个良好的接触面。

2）喷头连接，用钢管与混料喷头或雾化喷头连接。

3）喷头与压风机连接。

4）喷头置入管道内部，开动压风机接通压缩空气及配制好的涂料，匀速拉动喷头对管道内表面进行防腐，根据防腐等级的要求可多次喷涂。每遍待上一遍涂层表干后再进行，这是因为表干后涂层表面具有较强的活性，两层之间能很好地交连固化粘结在一起。每次作业完毕后，要用专用稀释剂（环氧涂料一般为甲苯、二甲苯）冲洗，防止喷头上的出料孔堵塞，以便于下次使用。

4.3.2.4 防腐层质量标准

防腐层质量标准和防腐层厚度允许偏差及表面缺陷的允许深度见表 4-31、表 4-32。

防腐层质量标准 表 4-31

<table>
<tr><th rowspan="2">材料种类</th><th rowspan="2">构造</th><th colspan="5">检查项目</th></tr>
<tr><th>厚度（mm）</th><th>外观</th><th>电火花试验（kV）</th><th colspan="2">粘附性能</th></tr>
<tr><td rowspan="3">石油沥青涂料</td><td>二油二布</td><td>≥4.0</td><td rowspan="6">涂层均匀，无褶皱、空泡、凝块</td><td>18</td><td rowspan="6">用电火花检漏仪检查无打火花现象</td><td rowspan="3">以夹角为45°～60°，边长为40～50mm的切口，从角尖端撕开防腐层；首层沥青层应100%地粘附在管道的外表面</td></tr>
<tr><td>四油三布</td><td>≥5.5</td><td>22</td></tr>
<tr><td>五油四布</td><td>≥7.0</td><td>26</td></tr>
<tr><td rowspan="3">环氧煤沥青涂料</td><td>二油</td><td>≥0.2</td><td>2</td><td rowspan="3">以小刀割开一舌形切口，用力撕开切口处的防腐层，管道表面仍为漆皮所覆盖，不得露出金属表面</td></tr>
<tr><td>二油一布</td><td>≥0.4</td><td>3</td></tr>
<tr><td>四油二布</td><td>≥0.6</td><td>5</td></tr>
</table>

防腐层厚度允许偏差及表面缺陷的允许深度（mm） 表 4-32

管径	防腐层厚度允许偏差	表面缺陷允许深度
≤1000	±2	2
>1000，且≤1800	±3	3
>1800	+4 −3	4

4.3.3 金属管的连接、安装技术

4.3.3.1 金属管的连接

金属管的连接方法主要有：管节焊接、管道对接和管道连接（螺纹连接、法兰连接）三种。

（1）管节焊接

1）管节焊接前应先修口、清根，管端端面的坡口角度、钝边、间隙，应符合表 4-33 的规定；不得在对口间隙夹焊帮条或用加热法缩小间隙施焊。

电弧焊管端修口各部尺寸 表 4-33

壁厚 t（mm）	间隙 b（mm）	钝边 p（mm）	坡口角度（°）
4～9	1.5～3.0	1.0～1.5	60～70
10～26	2.0～4.0	1.0～2.0	60±5

2）接口时应使内壁齐平，当采用直尺在接口内壁周围顺序贴靠，错口的允许偏差为 0.2 倍壁厚，且不得大于 2mm。

（2）管道对接

1）对接前应清除焊缝的渣皮、飞溅物。

2）应在油渗、水压试验前进行外观检查。

3）管径大于或等于 800mm 时，应逐口进行油渗检验，不合格的焊缝应铲除重焊。

4）焊缝的外观质量应符合相关规定。

5）当有特殊要求，进行无损探伤检验时，取样数量与要求等级应按设计规定执行。

6）不合格的焊缝应返修，返修次数不得超过 3 次。

（3）管道连接

1）钢管采用螺纹连接时，管节的切口断面应平整，偏差不得超过一扣，丝扣应光洁，不得有毛刺、乱丝、断丝，缺丝总长不得超过丝扣全长的 10%，接口紧固后宜露出 2～3 扣螺纹。

2）管道法兰连接时，应符合下列规定：

① 法兰接口平行度允许偏差应为法兰外径的 1.5%，且不应大于 2mm；螺孔中心允许偏差应为孔径的 5%。

② 应使用相同规格的螺栓，安装方向应一致，螺栓应对称紧固，紧固好的螺栓应露出螺母之外。

③ 与法兰接口两侧相邻的第一至第二个刚性接口或焊接接口，待法兰螺栓紧固后方可施工。

4.3.3.2 金属管安装

钢管在保存、支撑和输送过程中要防止管子内衬和涂层的损坏，并洒水以防止过分干燥，在冬期施工时，须将管道储存在支座上，以离开冰冻的地面。同时不得将管子储存放置在岩石或其他坚硬的表面上，在保存和输送过程中要保证管道无损，并不得将管道扔或推入沟槽中。

施工过程中，根据管径的大小和埋设的深度，采用机械和人工相结合的方式进行下管，大管采用机械下管，用起重机将管子吊至沟槽里，吊带用宽帆带缠绕，进行吊装，采用两点起吊，吊装过程中，稳起稳放。同时，在沟槽基础上做好一个凹口，保证吊装带抽出，而不损坏涂层。在沟内连接管段，管线须找正找直。

人工下管示意图如图 4-26 所示。

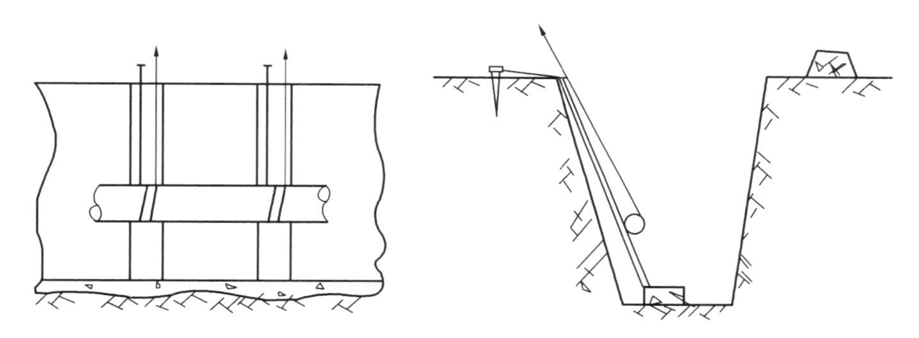

图 4-26　人工下管示意图

机械下管示意图如图 4-27 所示。

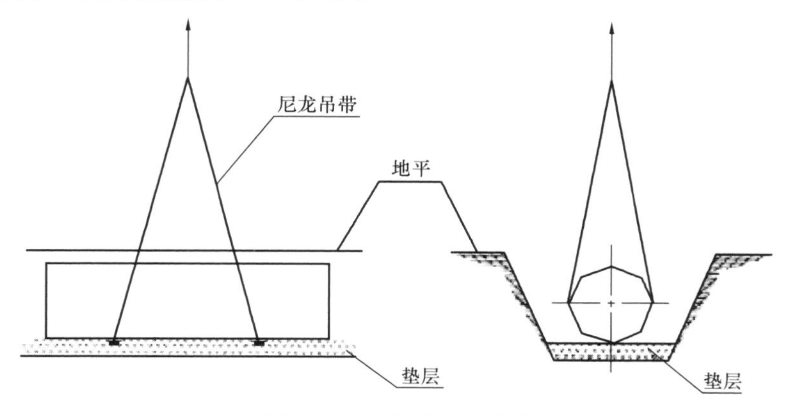

图 4-27　机械下管示意图

（1）与泵等设备连接的管道

应先安装好支座，不得将管道及阀门配件的重量或力矩加在设备上，而且应从设备两侧开始安装。阀门安装应在关闭状态下进行，安装前清理内部杂物。与法兰组对时，法兰保持同轴性，并不得用强行组对的方式。套筒式伸缩器安装应与管道保持同心，按设计规定的安装长度并考虑气温的变化以留有剩余收缩量，插管应安装在介质流入端。

（2）管道安装允许偏差

铸铁、球墨铸铁管道安装允许偏差应符合表 4-34 的规定。

安装允许偏差（mm） **表 4-34**

项目	允许偏差	
	无压力管道	压力管道
轴线位置	15	30
高程	±10	±20

4.3.4 塑料管安装

塑料管包括 ABS、UPVC、PP-R、HDPE 管道。

（1）ABS、UPVC 塑料管主要用于加氯、加矾及取样管路，采用胶粘剂承插粘结，胶粘剂应由生产厂家提供。此项工作由有经验的施工人员进行，并按照全洁净无土施工法施工。管材、管件在粘合前应将其表面清理干净，用棉纱或干布擦拭承口内侧和插口外侧，使粘结面保持清洁，无砂土与水迹。用环式内外专用涂抹装置进行胶粘剂的涂抹工作，涂刷时应轴向运动，动作迅速，用料均匀适量。然后予以插入挤压，静置固化。

（2）PP-R 管道主要用于各个单体的生活给水系统，以及加氯、加药系统。PP-R 管采用热熔连接。其加热温度保持在 270～300℃，温度过低或过高会使连接不良。连接前，先用棉纱将管道和管件擦拭干净，然后试插并分别作出插入深度的标记，插入加热胎具中进行加热。加热时，不断进行转动，当达到 270～300℃时，示温笔显示咖啡色。当管道和管件出现熔融状态时，即进行脱模，用力将管道旋转插入管件，并保持30s后方能脱手。在接口周围有熔融的焊珠挤出时说明连接情况良好。安装支架时，要用橡胶圈垫在PP-R管与钢支架之间。

（3）HDPE管主要用于雨水、污水系统，无论是热融连接，还是承插胶接，均应选派有经验的技工进行操作。

4.3.5 混凝土管安装技术

4.3.5.1 施工要求

（1）混凝土管道安装前，进行外观检查，发现裂缝、保护层脱落、空鼓、接口掉角等缺陷，使用前经修补并经鉴定合格后，方可安装。

（2）管道安装前将管内外清扫干净，并保证使管内底标高符合设计要求，调整管节中心及标高，必须垫稳，两侧设撑杠，不得发生滚动。管节中心、标高复验合格后，及时浇筑管座基础。钢筋混凝土管座基础根据埋设深度一般分别采用120mm或180mm混凝土基础，浇筑混凝土管座前，必须清除模板中的尘渣、异物，核实尺寸，分层浇筑时，将管座平基凿毛冲净，并将管基与管材相接的三角部位，用同强度等级的混凝土砂浆填满、捣实后，再浇混凝土。

（3）下管前，检查管道基础标高和中心线位置，混凝土基础要达到设计强度的50%。

（4）大口径钢筋混凝土管为平口或企口，均采用抹带接口。接口前，将管口的外壁凿毛、洗净。先在接口部位抹上一层薄薄的素灰浆，并分两次抹压，第一次为全厚的1/3，抹完后在上面割划槽使其表面粗糙，待初凝后再抹第二层，并赶光压实。抹好后，立即覆盖湿草袋并不断洒水养护，以防龟裂。

（5）抹带接口过程中，遇到管端不平，以最大缝隙为准，接口时不得往管缝内填塞碎石、碎砖。抹带时，禁止在管上站人、行走或坐在管道上操作。

（6）管道安装完毕并经复核无误后，整个管段进行闭水试验，无渗漏为合格。

4.3.5.2 非金属管安装质量要求

（1）混凝土及钢筋混凝土管沿直线安装时，管口间的纵向间隙应符合表 4-35 的规定。

管口间的纵向间隙（mm） **表 4-35**

管材种类	接口类型	管径	纵向间隙
混凝土及钢筋混凝土管	平口、企口	<600	1.0～5.0
		≥700	7.0～15
	承插式甲型口	500～600	3.5～5.0
	承插式乙型口	300～1500	5.0～1.5
陶管	承插式接口	<300	3.0～5.0
		400 ～500	5.0～7.0

（2）预应力管、自应力混凝土管安装应平直，无突起、突弯现象。沿曲线安装时，管口间的纵向间隙最小处不得大于 5mm，接口转角不得大于表 4-36 的规定。

沿曲线安装接口允许转角 **表 4-36**

管材种类	管径（mm）	转角（°）
预应力混凝土管	400～700	1～5
	800～1400	1.0
	1600～3000	0.5
自应力混凝土管	100～800	1～5

（3）非金属管道接口安装质量应符合下列规定：

1）承插式甲型接口、套环口、企口应平直，环向间隙应均匀，填料密实、饱满，表面平整，不得有裂缝现象。

2）钢丝网水泥砂浆抹带接口应平整，不得有裂缝、空鼓等现象，抹带宽度、厚度的允许偏差，应为 0～+5mm。

3）预应力混凝土管及钢筋混凝土管乙型接口，接口间隙应符合表 4-35 的规定，橡胶圈应位于插口小台内，并应无扭曲现象。

4.3.6 阀门安装技术

（1）阀门安装时，首先应核对阀门型号、规格，外观应无缺陷、开关灵活，各部位连接螺栓无松动，指示正确。

（2）安装前，清除阀门的封闭物和其他杂物。法兰式连接的阀门，其每组螺栓孔必须对称管中心线，安装前，法兰表面须彻底清洗，清洗后插入垫片和螺栓，并逐渐均匀拧紧。电动蝶阀的传动齿轮无锈蚀和裂纹，传动部分和电气部分灵活好用。阀门应在关闭状态下进行安装，其开关手轮放在便于操作的位置。阀门安装的方向，其箭头指示的方向与介质流向一致。

4.3.7 管道试验

（1）管道试压

管道安装完毕后须进行管道试压，采用水进行液压试验。液压试验灌水前，必须清理管子与阀门内的杂物，管道的敞开段用法兰堵好，所有管子的接口和其他能阻止管子移动的装置已安装牢固；除接口外，管道两侧及管顶以上部分回填高度不小于0.5m，焊缝质量的外观检查和探伤合格，且焊缝未涂防腐涂料。

压力管道的水压试验需水量较大，采用压力网络试压方式进行，即将同类管道分构筑物串联同时试压，试压要求在绘制并经审批网络图后进行，并应符合设计及规范要求。

（2）气压试验

加氯管道须按规范规定进行气压试验，试验压力为设计压力的1.15倍，试验时逐步增加压力，当压力升至试验压力的50%时，如未发现异状和泄漏，继续按设计压力分级逐步升压，每级稳压3min，直至试验压力，稳压10min，再将压力降至设计压力，停压进行检查，以发泡剂检验不泄漏为合格。

（3）泄漏性试验

1）加氯管道压力试验合格后须进行泄漏性试验，试验压力为设计压力。

试验时，重点检验阀门、法兰等处，以发泡剂检验不泄漏为合格。

2）混凝土排水管在接口养护好后，回填夯实前，必须逐管段做闭水试验，试验结果应符合要求。

3）埋地压力管道在竣工调试前要进行最终试验，试验压力为工作压力，持续时间为 30min 以上，以压力不降为合格。管道试压合格后，将临时连接管件等拆除，将阀件等复位。

4）室内排水管道在隐蔽前要进行灌水试验，在排水管出户的第一个检查井处用专用气囊堵住管口，从一层器具排水支管管口灌水，灌满后停 15min，将水补满后开始计时，以 5min 内液面不降为合格。二层的排水支管也要做灌水试验，只要从该层支管接入主立管三层下游的第一个检查口处塞入专用气囊，将立管堵住即可进行灌水试验。

5）卫生间的洁具在交工前要进行盛水试验和通水试验。凡是要求盛水的洁具，如洗脸盆、大便器水箱等，要向里面放水，水量应不小于其有效容积的 2/3，以 24h 内水面不降为合格。盛水试验合格后，要进行通水试验，让洁具以最大流量放水，若水能顺利排出，则试验合格。

（4）管道冲洗、吹扫与消毒

1）管道的冲洗和吹扫应在强度和严密性试验后进行，冲洗的顺序为：立管→支管→疏排管。

2）冲洗和吹扫前应将系统内的仪表加以保护，并将节流阀、止回阀等妥善保管，待吹洗后复位。

3）冲洗和吹扫时，管道的脏物不得进入设备，设备的脏物也不得进入管道。

4）冲洗的压力不得大于设计工作压力。

5）为取得更好的效果，冲洗前应安排人进入大管内，将管内先清扫一下，冲洗时可用木槌轻轻敲打管道，但绝不可因此而损伤管道。

6）水冲洗时用自来水冲洗，流速不小于 1.5m/s，以出水口、入水口的水透明度目测一致为合格，冲洗水应排入可靠的排水井或沟中，并保证排泄畅通和安全。排放管的截面面积应不小于被冲洗管截面面积的50%，冲洗合格后应将系统内水排尽。

7）气管、液氯及氯气管用压缩空气吹扫，在排气管口用白布或涂有白漆的靶板检查，5min内检查其无铁锈、尘土、水分及其他脏物为合格。

8）管道系统吹洗合格后应将系统复原。

（5）管道防腐

1）防腐

钢管刷漆前进行除锈，清除表面的灰尘、污垢、锈斑和焊渣等杂物。涂刷防腐涂料应厚度均匀，色泽一致，无流淌及污染现象。

2）补口与补伤

① 补口、补伤处的防腐层结构及所用材料与管体防腐层相同。

② 补口、补伤处须清除表面的尘土、焊渣、锈蚀并磨平焊缝，使焊缝表面保持干燥。

③ 补口防腐层与管体防腐层的搭接长度不小于100mm。

（6）回填

1）管道施工完毕并经检验合格后，及时进行回填，管道两侧和管顶以上50cm范围内的回填材料，不得有石块、碎砖、瓦砾等杂物及硬泥块，并从沟槽两侧对称运入槽内。不得直接扔在管道上，回填其他部位时要均匀运入槽内，不得集中推入。

2）回填土要逐层进行，且不得损坏管道，管道两侧和管顶以下50cm范围内，要采用轻夯夯实，管道两侧分层夯实，两层厚度不得超过30cm。在回填期间，保持管沟内或开挖区内无水。

4.3.8 单体管道安装

污水处理厂工程中各单体中的管道一般与总图中的管道类别基本一致，其与总图的施工技术要求大致相同，不同及应注意的要点如下：

（1）单体内部的管道及附件安装均为明敷，在满足设计功能的基础上，其观感要求更高，因此，对作业人员的综合技术要求很高。

（2）在各个单体中，均有少量的为工作人员服务的给水、排水设施。因此，涉及一些大便器、小便斗、洗脸盆的安装。其安装要求如下：

1）卫生洁具安装应遵守以下流程：

安装准备→卫生洁具及配件检验→卫生洁具安装→卫生洁具配件预装→卫生洁具稳装→卫生洁具与墙、地缝隙处理→卫生洁具外观检查→通水试验。

2）卫生器具按标准图或产品说明书要求安装，其安装位置、高度要符合设计或规范要求。卫生器具安装力求美观。特别要注意洗脸盆、小便斗以及大便器与给水、排水管连接处漏水通病的发生。所有接口应连接紧密，并固定牢固。

3）卫生器具安装完毕后，应采取必要的保护措施，以防损坏和丢失配件。

（3）单体内部的管道基本上均与设备相连，在进行设备配管时应合理地考虑管道支架，不得使设备承担额外的荷载，保证设备的正常运行。

4.4 防水防腐涂料施工技术

4.4.1 防水防腐涂料主要技术指标

主要技术指标见表 4-37。

主要技术指标表 **表 4-37**

序号	项目		单位	复合防水防腐涂料
1	干燥时间	表干	h	≤2
	(25℃)	实干	h	≤6
2	附着力		MPa	1.75
3	抗拉强度		MPa	1.8
4	延伸率		%	300
5	不透水性		MPa	0.3（1h 不透水）

续表

序号	项目		单位	复合防水防腐涂料
6	耐化学试剂性（7d）	10%硫酸		不起泡、不脱落
		10%氢氧化钠		不起泡、不脱落
		10%盐酸		不起泡、不脱落
		10%氯化钠		不起泡、不脱落
		煤油		不起泡、不脱落
		汽油		不起泡、不脱落
		柴油		不起泡、不脱落
7	臭氧老化（50×10^{-6}，40℃×168h）			表面无龟裂

4.4.2 防水防腐涂料特点

（1）耐强酸、强碱、盐、工业污水、生活污水、油等。

（2）机械力学性能优良、富有弹性。

（3）无毒、无害、无污染。

（4）干湿基面均可施工，施工简便、安全。

（5）粘结强度高。

（6）经 LM 复合防腐涂料保护后混凝土碳化试验 28d 后，碳化深度为零。

（7）耐生物菌的腐蚀。

（8）耐臭氧腐蚀性强。

4.4.3 基层准备

（1）基层要求平整，表面压实压光，无尖锐棱角，无蜂窝麻面。

（2）表面建筑垃圾、浮灰必须清除干净。

（3）阴、阳角应做成半径大于或等于 20mm 的圆弧。

（4）基层不应有明水，否则应排除，清扫干净。

4.4.4 材料配置

可采用机械配置和人工配置，一般情况采用人工配置。

（1）配合比

使用时应按厂家提供的配合比准确计算，搅拌均匀。

（2）搅拌要求

搅拌时把粉料慢慢倒入液料中并用搅拌器充分搅拌不少于10min，无气泡为止，搅拌时不得加入或混入上次搅拌的残液及其他杂质，配好的涂料1h内必须用完。

（3）清洗

每次配料完毕应及时用清水清洗配料桶及搅拌叶片等器具和设备，否则会影响下一次配料的质量。

4.4.5 涂料施工

（1）机械喷绘

采用ICP喷绘设备，使用200V单相电机，设备重量仅为255kg，三人组成施工组，每台班可完成10000多m^2。

（2）人工涂刷

采用150mm以上的长板刷或圆形滚动刷涂刷。涂刷要横、竖交叉进行，达到平整均匀、厚度一致。

4.4.6 贮存与包装

（1）本品应存放在阴凉干燥处，防止暴晒和受冻。

（2）有效贮存期为一年，贮存温度在0℃以上、45℃以下。

（3）液料用塑料桶包装，每桶净重为25kg和50kg两种，粉料用塑料袋包装。

5 工 程 案 例

5.1 眉山市第二污水处理厂

5.1.1 工程简介

眉山市第二污水处理厂位于眉山市东坡区瓦窑村三组，分两期建设，总设计规模为 80000m^3/d。一期设计规模为 40000m^3/d，主要采用 BAF 曝气生物滤池处理工艺；二期设计规模为 40000m^3/d，主要采用改良型氧化沟（GOD）生物处理工艺，主要处理眉山市城区生活污水。

项目主要包括一期工程原有生物滤池和碳源投加间的改造，新建三级生物滤池、好氧—V 型砂滤池和反冲洗综合用房；二期工程继续使用原有预处理单元、二沉池和鼓风机房，新建中间提升泵房、高密沉淀池和反硝化滤池，原有生化池和污泥脱水机房的改造，原有紫外消毒渠和出水在线监测房的拆除和改造（图 5-1）。

5.1.2 工程重难点

该工程土建及安装工程交叉进行，所包含单位构（建）筑物工程数量多，占地面积大，且有拆除、有新建、有改造提标、有设备安装、拆除、改造等；涉及专业覆盖面广，管理比较难。

该工程中构筑物多，大型水工构筑物混凝土结构防水、抗裂施工要求高；涉及工艺等技术要求，构筑物土建结构标高控制严格。

厂房涉及设备的预留、预埋工作。在土建施工阶段，要求工艺设备人员提前介入，对土建施工的预留、预埋进行监督检查；在工艺设备安装阶段，土建

图 5-1　眉山市第二污水处理厂

施工又要为工艺设备安装提供必要的技术支持与物资帮助。

工程应用了防水防腐涂料施工技术以及设备安装技术。

5.2　三亚市红沙污水处理二厂

5.2.1　工程简介

三亚市红沙污水处理二厂位于红沙镇欧家园村以南。服务范围为三亚中心城区的河西区、河东区、月川片区、南边海片区、大东海片区、红沙片区和吉阳镇，服务面积为 17.7km^2。污水处理厂现状规模为 8 万 m^3/d，再生水回用规模为 2 万 m^3/d。经过多年的建设，红沙污水处理厂配套污水管网系统不断完善，污水处理厂进水水量持续增长。2016 年，红沙污水处理厂日处理量平均已达到约 10.1 万 m^3/d，高峰流量约达到 11.8 万 m^3/d，预测远期污水量为 17.5 万 m^3/d，已处于超负荷运行状态。为满足新增污水量的处理需求，需要尽快推进红沙污水处理二厂的建设工作。

三亚市红沙污水处理二厂建设为半地下式污水处理厂，办公、中控等用房和设备设施利用一厂现有用房和设施设备，污水处理设计规模为 9.5 万 m^3/d；污水处理工艺采用“多模式 A^2/O 反应池＋二沉池＋高效沉淀池＋纤维转盘滤池＋加氯消毒”，出水水质达到一级 A 标准。

项目主要建设地下的粗格栅及进水泵房、细格栅及曝气沉砂池、生物反应池和二沉池、中间提升泵房、高效沉淀池和纤维转盘滤池等综合处理构筑物，地上鼓风机房、加药间和变配电间建筑；配套相应污水处理设施设备、给水排水、电气、空调与通风、消防、道路、绿化、围墙等建设（图 5-2）。

图 5-2　三亚市红沙污水处理二厂

5.2.2 工程重难点

（1）基坑施工。该工程为半地下室结构，基坑为深基坑，基坑降排水是本工程的重点和难点。

（2）工程防水。该工程池体工程多，后浇带和施工缝多，水处理构筑物防水质量要求高，地下室及池体防水防漏是本工程的重点和难点。

（3）大面积、大体积混凝土施工。该工程池体面积较大，构筑物结构形式复杂、多样，浇筑混凝土多，强度等级及抗渗要求高，因此，混凝土内的水化热高，如果混凝土的内外温差过大将会产生较大的温度应力，较大的温度应力将会导致混凝土裂缝，大面积、大体积混凝土的施工是本工程的重点和难点。

（4）机电安装综合施工。该工程厂区采用一体化集成设计，污水处理厂构筑物空间布置得密集、紧凑，作业空间有限，同时由于诸多专业工程的集中，设备的同步协调安装施工困难较大；此外由于不少水处理设备、仪表都是国外进口的，对于安装技术的要求较高，相关的技术资料到场会相对较晚，翻译工作时间较为紧迫，会给施工带来一定的麻烦。国内此类污水处理厂水处理设备安装综合施工技术的相关研究较少，实际施工工程中能够借鉴及参考的经验较少。

设备安装工程与工艺管线等工程同步施工，有限空间的环境对各专业的安装施工、安全作业以及工序协调配合等均造成不利影响，水处理设备的综合安装施工必须对施工组织安排、施工工序、施工方法、资源配置等进行研究。

（5）工期管理。该工程工程量大，大量工作面要同时施工，内部工程结构复杂，工期要求非常紧，如何保证本工程按时完工，是该工程施工管理的重点。

（6）平面布置与管理。该工程基坑周边施工场地比较小，专业多，机械布置、材料堆放所需场地大，如何进行施工组织、施工场地的合理划分和管理是该工程的重点和难点。

（7）雨期施工。由于工程工期紧，专业交叉施工多，整体工程经历一个雨期，做好季节性施工是该工程的关键。

（8）施工人员的管理。该工程施工人员高峰期预计达800多人，如何做好施工人员的管理是重点。

（9）EPC总承包模式的管理协调。该工程设备较多，采购复杂，有大量新设备和进口设备采购，采购周期长，工期紧，专业分包多，工程体量大，场地小，多专业、多工种的交叉作业、立体作业情况多，建设标准高。因此，总承包管理、协调工作是重点。

工程应用了超大面积、超薄无粘结预应力混凝土施工技术、封闭空间内大方量梯形截面素混凝土二次浇筑施工技术。

5.3 上海金山卫污水处理厂

5.3.1 工程简介

上海金山卫污水处理厂改扩建工程在原有一期的基础上扩建，对一期进行升级提标改造，以及对厂外收集管网进行改造。该项目实施后，全厂污水处理设计规模为5.0万m^3/d，其中一期工程处理2.5万m^3/d的生活污水，二期扩建工程处理1.5万m^3/d的工业废水和1.0万m^3/d的生活污水。

新建曝气沉砂池1座、事故池1座、二期MBR反应池2座、一期和二期MBR膜分离池2座、臭氧接触稳定池及消毒池1座、臭氧制备及加药间1座、BAF生物滤池1座、2号鼓风机房及2号变配电间1座、污泥浓缩机房1座等建（构）筑物；改造一期工程中的污泥浓缩池、污泥均质池等构（建）筑物；二期工程配套及一期更换或增加的工艺、电气、环保、监测等设备及仪表；厂外管网改造以及厂内道路、绿化、围墙等配套设施（该标段不包括再生水回用处理部分）。该工程新增建筑面积为1386.44m^2，其中臭氧制备及加药间498.2m^2，2号鼓风机房及2号变配电间816.9m^2，污泥浓缩机房71.34m^2（图5-3）。

图 5-3　上海金山卫污水处理厂

5.3.2　工程重难点

（1）该工程属于污水处理厂工程，厂内的水处理系统包含污水预处理、生化处理、深度处理等工艺段，专业性强。拟建厂内的曝气沉砂池、MRB 反应池、MRB 膜分离池、臭氧接触稳定池、消毒池、BAF 生物滤池和 2 号鼓风机房、2 号变配电间、污泥浓缩机房等建（构）筑物结构形式复杂、使用功能要求高；厂内工艺、电气、自控等专业设备、材料安装精度要求高，尤其是 MBR、臭氧催化氧化、EM-BAF、生物除臭等工艺包的安装及运行尤其复杂，这是污水处理厂工程所特有的。

（2）该工程建设内容较为复杂，涉及专业较多，故系统专业施工队伍多，专业配合难度较大。

（3）该工程为改扩建项目，在项目建设期间需要保证污水处理厂的不间断运行及污水排放的达标，在施工计划及措施方面要求高。

（4）该工程施工作业面较为狭窄，施工难度高。

（5）施工周期将完整跨越雨季，施工进度及相关保证措施要求高。

工程应用了污水环境下混凝土防腐施工技术、有水管道新旧钢管接驳施工技术。

5.4 天津市津沽污水处理厂

5.4.1 工程简介

该工程为天津市津沽污水处理厂扩建及提标工程10kV变电站施工总承包工程，建设单位为天津创业环保集团股份有限公司，建设地点在天津津沽污水处理厂内，主要包括：变电站、电缆、低压配电系统施工，最大电压为10kV。其中变电站新建包括：9号、10号、11号变电站；改造包括：现状1号、7号变电站；12号变电站的电力安装工程（图5-4）。

图5-4 天津市津沽污水处理厂

5.4.2 工程重难点

（1）专业施工队伍多，总包协调管理任务重

该工程专业施工队伍较多，各专业工种之间的穿插协作极为频繁。如何建立强有力的项目组织机构，确定最优的项目施工组织路线，合理调配各施工队伍的施工人员，协调各协作单位的工作步伐，保证整个项目施工的顺利进行，将是最重要的工作职责，也是确保工程竣工后能完满实现其使用功能的关键。

工序繁杂，交叉作业极多，施工工序的安排成为该项目的一个难点。该工程包括钢筋混凝土工程、钢结构工程及全部装修、机电安装工程施工，工作交错复杂，作业面全覆盖，施工工序间合理的流水施工安排及现场布置为雨期施工期间保证工期目标的重中之重。

（2）深化设计工作任务重

结构施工、装修施工以及设备安装各专业工种均紧密相关，互相影响，存在大量的交叉施工。深化设计作为连接设计与施工的桥梁，承担着把设计师的设想变成现实的纽带作用。深化设计工作必须综合考虑工程的各方面要求。站在工程总体技术管理的层面和高度将切实可行的各种技术措施体现到深化设计图纸上，这一切都给深化设计带来了很大的困难，可以说深化设计是本工程的生命线。

（3）管理难度大，对项目部的协调管理能力要求高

项目所需建筑材料及建筑工序繁多，包括混凝土结构工程、围护结构工程、屋面工程、防水工程、机电工程等，且涉及材料众多，下属专业分包、劳务分包、材料供应商数量庞大，在工期紧迫情况下对项目部的组织管理、合同管理、技术管理、进度管理、质量管理、信息管理等要求严格。

工程应用了防水防腐涂料施工技术、环形池壁无粘结预应力混凝土施工技术。

5.5 三亚市荔枝沟水质净化一厂

5.5.1 工程简介

三亚市荔枝沟水质净化一厂位于金鸡岭路延伸段以北，扩建工程在原有建设用地范围内实施扩建污水处理规模 1.5 万 m^3/d，总规模达 3.0m^3/d，工艺采用 A^2/O 氧化沟，出厂水质达一级 A 标准。建设内容包括厂区土建工程、工艺管道及设备安装、厂区电气工程、自控及仪表、道路及绿化等。

污水处理工艺：采用 A^2/O 氧化沟工艺。扩建工程为新建 A^2/O 氧化沟、二沉池配水井及污泥泵房、二沉池、混凝沉淀池、纤维转盘滤池、接触消毒池、送水泵房和生物除臭滤池，碳源投加间、污泥浓缩池及柴油发电机房。荔枝沟水质净化一厂扩建工程施工用地面积约为 9800m^2，建筑占地面积约为 4240m^2。

三亚市荔枝沟水质净化一厂扩建工程建设可解决其服务范围内的污水出路问题，并可提高节能减排工效，保护三亚市良好的生态环境，促进三亚市国际化精品城市的建设，保证“双修”“双城”建设顺利完成（图 5-5）。

图 5-5　三亚市荔枝沟水质净化一厂

5.5.2 工程重难点

（1）超长盛水构筑物混凝土施工。该工程氧化沟构筑物尺寸约为 50m×50m，在剪力墙混凝土浇筑过程中裂缝控制是该工程施工重点。

（2）多专业协同施工。污水处理厂构筑物空间布置的密集、紧凑，作业空间有限，同时由于诸多专业工程的集中，设备的同步协调安装施工困难较大。

（3）工期要求紧张。该工程合同工期为 150 日历天，需要完成全部土建施工、设备安装、配套管网施工等，如何保证工程按时完工，是该工程施工管理的重点。

（4）EPC 总承包模式的管理协调。该工程设备较多，采购复杂，有大量新设备和进口设备采购，采购周期长，工期紧，专业分包多，工程体量大，场地小，多专业、多工种的交叉作业、立体作业情况多，建设标准高。因此，总承包管理、协调工作是本工程的重点。

工程应用了超长超高剪力墙钢筋保护层厚度控制技术、大型露天水池施工技术。

5.6 山东宁津县污水处理厂

5.6.1 工程简介

该工程为山东宁津县污水处理厂三期工程，污水处理量为 2 万 t/d，厂区占地面积 2.4 万余 m^2，位于山东省宁津县东北角，厂区地质土为黄河冲积土，地质较松散，地貌较平缓；根据设计下发文件，本工程共 14 座单体工程，包含：粗格栅及进水泵房 1 座、细格栅及旋流沉砂池 1 座、初沉池 1 座、改良 A^2/O 生化池 1 座、配水井及污泥回流泵房 1 座、二沉池 2 座、活性砂滤池及高效混凝沉淀池 1 座、接触消毒池 1 座、巴氏计量槽 1 座、脱水机房变电所及综合工房 1 座、储泥池 1 座、预留臭气氧化系统 1 座、门卫 1 座（图 5-6）。

图 5-6　山东宁津县污水处理厂

5.6.2　工程重难点

（1）该工程包含建设内容较为复杂，涉及专业较多，故系统专业施工队伍多，专业配合难度较大。

（2）该工程为改扩建项目，在项目建设期间需要保证污水处理厂的不间断运行及污水排放的达标，在施工计划及措施方面要求高。

（3）该工程施工作业面较为狭窄，施工难度高。

（4）施工周期将完整跨越雨期，施工进度及相关保证措施要求高。

工程应用了大型露天水池施工技术、防水防腐涂料施工技术。